助力乡村振兴
出版计划

【现代种植业实用技术系列】

马铃薯
绿色优质 高效栽培技术

主　　编　　廖华俊
编写人员　　闫冲冲　　王前前　　付玉营　　崔广胜
　　　　　　朱培蕾　　贾景丽　　董道峰　　陈焕丽
　　　　　　丁银媛　　李　然　　汪　涛　　王家宝
　　　　　　程子贵

U0396157

时代出版传媒股份有限公司
安徽科学技术出版社

图书在版编目(CIP)数据

马铃薯绿色优质高效栽培技术 / 廖华俊主编.--合肥:安徽科学技术出版社,2022.12

助力乡村振兴出版计划.现代种植业实用技术系列

ISBN 978-7-5337-6344-2

Ⅰ.①马… Ⅱ.①廖… Ⅲ.①马铃薯-栽培技术 Ⅳ.①S532

中国版本图书馆 CIP 数据核字(2022)第 214639 号

马铃薯绿色优质高效栽培技术　　　　　　　　　　　　　　　主编　廖华俊

出 版 人:丁凌云　选题策划:丁凌云　蒋贤骏　王筱文　责任编辑:王　霄
责任校对:岑红宇　责任印制:梁东兵　　　　　　　　　　　装帧设计:王　艳
出版发行:安徽科学技术出版社　　　http://www.ahstp.net
(合肥市政务文化新区翡翠路 1118 号出版传媒广场,邮编:230071)
电话:(0551)63533330
印　　制:安徽联众印刷有限公司　　电话:(0551)65661327
(如发现印装质量问题,影响阅读,请与印刷厂商联系调换)

开本:720×1010　1/16　　印张:10.25　　　字数:138 千
版次:2022 年 12 月第 1 版　　印次:2022 年 12 月第 1 次印刷

ISBN 978-7-5337-6344-2　　　　　　　　　　　　定价:43.00 元

出版说明

　　"助力乡村振兴出版计划"(以下简称"本计划")以习近平新时代中国特色社会主义思想为指导,是在全国脱贫攻坚目标任务完成并向全面推进乡村振兴转进的重要历史时刻,由中共安徽省委宣传部主持实施的一个重点出版项目。

　　本计划以服务乡村振兴事业为出版定位,围绕乡村产业振兴、人才振兴、文化振兴、生态振兴和组织振兴展开,由"现代种植业实用技术系列""现代养殖业实用技术系列""新型农民职业技能提升系列""现代农业科技与管理系列""现代乡村社会治理系列"五个子系列组成,主要内容涵盖特色养殖业和疾病防控技术、特色种植业及病虫害绿色防控技术、集体经济发展、休闲农业和乡村旅游融合发展、新型农业经营主体培育、农村环境生态化治理、农村基层党建等。选题组织力求满足乡村振兴实务需求,编写内容努力做到通俗易懂。

　　本计划的呈现形式是以图书为主的融媒体出版物。图书的主要读者对象是新型农民、县乡村基层干部、"三农"工作者。为扩大传播面、提高传播效率,与图书出版同步,我们还配套制作了部分精品音视频,在每册图书封底放置二维码,供扫码使用,以适应广大农民朋友的移动阅读需求。

　　本计划的编写和出版,代表了当前农业科研成果转化和普及的新进展,凝聚了乡村社会治理研究者和实务者的集体智慧,在此谨向有关单位和个人致以衷心的感谢!

　　虽然我们始终秉持高水平策划、高质量编写的精品出版理念,但因水平所限,仍会有诸多不足和错漏之处,敬请广大读者提出宝贵意见和建议,以便修订再版时改正。

本册编写说明

马铃薯粮、菜、饲料、加工原料兼用，高产高效、适应性广、生育期短，是全球第三大粮食作物，也是我国第四大粮食作物。马铃薯营养丰富、全面，当前国家正在推进马铃薯的主食化。马铃薯产业的发展事关国家粮食安全、巩固脱贫攻坚成果、乡村振兴等一系列国家重大战略部署。依靠科技创新，加快推进马铃薯产业开发，对保障我国粮食安全、促进农业提质增效和可持续发展具有重要意义。

安徽为马铃薯中原二季作区的典型区域之一，适宜于春秋两季栽培。本书根据当前安徽马铃薯生产形势面临的重大改变，针对传统马铃薯种植生产工序多、劳动强度大、生产效率低、化肥农药投入多，难以做到规模化、机械化生产，造成了马铃薯生产成本居高不下、经济效益不高等问题。本书在总结近年国家马铃薯产业技术体系研究成果和生产实践的基础上，系统地介绍了马铃薯绿色优质高效栽培、避灾减灾生产、病虫草害防治、收获与贮藏保鲜、主食产品加工等新技术。尤其是立足安徽的气候、土壤条件和种植习惯，总结出的利用大棚设施进行马铃薯春提早、秋延迟栽培，基于大棚马铃薯的周年高效栽培模式以及间作套种栽培技术对于农民朋友增产增收会有很好的参考作用。

本书所介绍的"马铃薯水肥药一体化管理技术""马铃薯全程机械化生产技术"被评为 2021 年、2022 年安徽省农业主推技术；"设施马铃薯春早熟栽培技术""秋季马铃薯栽培技术""马铃薯水肥一体化管理技术""马铃薯稻草覆盖栽培技术"等均为安徽省相关地方标准的主要内容。本书所阐述栽培技术在季节安排上主要针对安徽地区，其他区域亦可作为参考。

目 录

第一章 马铃薯概述

第一节 马铃薯的起源

一 国际马铃薯的起源

马铃薯(*Solanum tuberosum* L.)是茄科茄属一年生草本块茎植物,据科学家考证马铃薯有两个起源中心:栽培种主要分布在南美洲的哥伦比亚、秘鲁、玻利维亚和乌拉圭等地,其起源中心在秘鲁和玻利维亚交界处的"的的喀喀"湖盆地;野生种的起源中心则在墨西哥等北美洲国家和地区。

马铃薯栽培种作为栽培作物在南美洲的栽培历史非常悠久,远在新石器时代,南美大陆的印第安人便发现了野生的马铃薯,并对其进行人工栽培。

公元 1536 年,西班牙探险队员在哥伦比亚的苏洛科达村发现了一种新作物——马铃薯。卡斯特朗诺所著《格兰纳达新王国史》一书中记述:我们看到印第安人种植玉米、豆子和一种奇怪的植物,它开着淡紫色的花,根部结球,块茎含有很多的淀粉,味道很好。这种块茎具有很多用途,印第安人把生块茎切片敷在断骨上疗伤,擦额头治疗头痛,外出时随身携带预防风湿病,或者和其他食物一起吃,预防消化不良。

二 我国马铃薯栽培历史

我国科学家对资料进行收集整理与考证后认为：马铃薯最早传入中国的时间是明朝万历年间（1573—1619 年），京津地区是亚洲最早见到马铃薯的地区之一。另外，较早传入和种植的地区还有福建、台湾和广东等，主要由荷兰等国殖民主义者、传教士、商人、探险家等，经水路从欧洲等地传入我国。从全国范围看，马铃薯在 19 世纪末至 20 世纪初已有广泛栽培，主要集中在西南地区的云南、贵州、四川，中南地区的湖北、湖南，西北地区的陕西、甘肃、宁夏、青海，华北地区的山西、河北以及沿海各省。

目前，全国马铃薯种植面积约为 7 800 万亩（1 亩≈666.67 平方米），各省均有栽培，主产区为西南、西北、东北，产量居世界第一位。全国知名的马铃薯品种有定西土豆、滕州马铃薯、威宁洋芋、凉山马铃薯、定边马铃薯、乌兰察布马铃薯、武川土豆、岚县马铃薯、讷河马铃薯、围场马铃薯。

三 安徽马铃薯栽培历史

据阜阳市文史专家李援朝研究，安徽马铃薯种植历史当属阜阳地区最为悠久。有专家研究认为，明朝万历年间（1573—1619 年）马铃薯被引入中国，迄今已有 400 多年栽培历史。明朝崇祯十二年（1639 年）农学大师徐光启在《农政全书》中对马铃薯有详细的描述。阜阳现存的旧志中延续记载了亦粮、亦蔬、亦果的土豆，将马铃薯引进我国的历史提前至明朝成化（正德）年间，提前了 100 多年，迄今已有 540 年的引进史。明朝嘉靖十五年（1536 年），添注判官吕景蒙主修的《颖州志》将土豆归入豆类；明朝嘉靖二十六年（1547 年），知州李宜春主修的《颖州志》将土豆归入豆类；清朝顺治十一年（1654 年），知州王天民修纂的《颖州志》将土豆归入了果类；清朝康熙五十五年（1716 年），由退休名臣鹿祐主持，王锡、张纺修纂的《颍州志》首次将土豆列入了蔬菜类;清朝乾隆十七年(1752年)的《颍州府志》、清朝乾隆二十年(1755年)的《阜阳县志》和清朝道光九年(1829年)的《阜阳县志》都将土豆列入了蔬菜类。

马铃薯在阜阳地区成片种植并逐步发展成一个产业,要归功于民国十九年(1930年)界首桑树乡饶老庄的外出务工者饶朝聘从天津引进红皮马铃薯。据史料记载,红皮马铃薯原系天津市郊区栽培的一个农家品种,早在清朝光绪二十六年(1900年)前就在坝县、烟台、唐山、保定、大名等地种植,后来引入了天津郊区,终年与蔬菜混作,菜农称其为"天津蛋"(亦称"大名红")。民国十九年(1930年)饶朝聘将"天津蛋"引入界首种植,当年即获得了丰收。当地群众依据这种马铃薯表皮淡粉红色、薯瓤黄白色的特征,将其命名为"界首红皮"。

有老农民回忆,中华人民共和国成立前种马铃薯是百姓维持生计的"饭碗",种植技术保密,轻易不传外人,并且是"传男不传女"。为了防止别人引种栽植,农户出售马铃薯前都把马铃薯的芽眼一个一个地挖掉。因此,在中华人民共和国成立前的19年里,"界首红皮"马铃薯只传了5个村庄45户,局限在方圆很小的地域,且多种植在菜园内,面积不足百亩。界首市马铃薯种植始于1930年,中华人民共和国成立后才逐步投入大田生产。1953年以后,在原界首县委的重视下,全县掀起马铃薯生产高潮,种植水平大幅提高。到1995年前后,界首马铃薯生产达到鼎盛时期,全市种植面积近10万亩,产品销往全国各地,并出口到东南亚,享誉国内外。

从民国十九年(1930)年引进种植"界首红皮"伊始,安徽已有90年栽培改进马铃薯种植的历史。目前,安徽全省各地均有马铃薯种植,常年种植规模80万亩左右,种植技术不断提高,但仍以阜阳、亳州、蚌埠、宿州等皖北地区种植规模最大。"界首马铃薯"2016年获得农产品地理标志认

证,2020 年成功注册国家地理标志证明商标。

▶ 第二节　马铃薯的营养价值与用途

马铃薯可被食用的部分是块茎,含有糖、蛋白质、维生素、纤维素、脂肪和无机盐,具有很高的营养价值。欧美一些国家将马铃薯作为主食甚至保健食品。美国农业部门评价马铃薯:每餐只吃全脂奶和马铃薯,即可得到人体所需的一切营养元素。

一　块茎富含淀粉

淀粉是马铃薯最主要的营养成分,占块茎鲜重的 10%~20%,以支链淀粉为主。我国现有栽培品种中,淀粉平均含量为 15%左右,淀粉占块茎干重的 60%~80%,一般为 65%。刚收获的块茎含糖量低,在贮藏过程中,特别是在低温贮藏过程中,葡萄糖、果糖、蔗糖的含量会逐渐增多。

二　块茎蛋白质价值高

马铃薯的蛋白质容易被人体消化吸收,品质相当于鸡蛋的蛋白质,具有较高的生物学价值。马铃薯的新鲜块茎中含有 2%左右的蛋白质,其氨基酸组成齐全,包括人体不能合成的 8 种必需氨基酸。其中,天门冬酰胺和谷酰胺含量很高,占非蛋白氮总量的 50%~60%。

三　块茎含有多种维生素和无机盐

马铃薯的营养价值还表现在维生素含量丰富,特别是维生素 C 含量为 7~30 毫克/100 克鲜薯。块茎中还含有维生素 A(胡萝卜素)、维生素B_1(硫胺素维)、维生素 B_2(核黄素)、维生素 PP(烟酸)、维生素 E(生育酚)、维生素 B_6(吡哆素)、维生素 B_{12}(钴胺素)、维生素 H、维生素 K 等对人体健康有益的重要物质。此外,磷、铁、钾、钠、锌、锰等无机盐含量也较高,占干物质的 0.8%~1.5%。

马铃薯的用途很广,它不仅是粮菜兼用的食物,还可作为畜禽饲料和工业原料,如制造淀粉糊精(工业上用的一种胶合剂)、葡萄糖和酒精等。因此,马铃薯被称为全能作物。

▶ 第三节　我国马铃薯种植区划与优良品种的选择

一　我国马铃薯种植区的划分

根据马铃薯生育规律、品种特性和生态条件,结合我国各区域的主要气候特征,我国马铃薯传统上划分为四个种植区。

二　北方一作区

无霜期短,基本上是一年一作马铃薯,春播秋收,多选用中熟或中晚熟品种。该地区昼夜温差大,生产的马铃薯淀粉含量高,适合生产种薯及加工用薯。

该区包括东北地区的黑龙江、吉林及辽宁的大部(辽东半岛除外);华北地区的河北北部、山西北部、内蒙古自治区(以下简称"内蒙古")全区及西北地区的陕西北部、宁夏回族自治区(以下简称"宁夏")全区、甘肃、青海东部以及新疆维吾尔自治区(以下简称"新疆")天山以北的地方。这是我国马铃薯的主产区,栽培面积大且集中,约占全国马铃薯栽培面积的 50%,黑龙江、内蒙古、甘肃、青海等地区是我国重要的种薯基地。

三　中原二季作区

无霜期较长、夏季温度高均不利于马铃薯生长,故形成春、秋两季栽

培模式。马铃薯多选用早熟或中早熟品种,精耕细作。由于生育期短,淀粉含量低,适合生产鲜食商品薯,产品适宜出口。该区包括辽宁、河北、山西、陕西四省的南部,湖北、湖南两省的东部和河南、山东、安徽、江苏、浙江、江西等省,马铃薯在该区分布比较分散。

该地区春季发展大棚马铃薯,既可以规避霜冻和降雨较多对生产的影响,又可以提早上市获得更好的经济效益。因此,大棚、拱棚等设施栽培所占比例较大。

（四）南方秋冬作区

无霜期长,夏长冬暖,多为水稻产区,水稻收获后利用冬季空闲地露地种植。近年来,种植面积增长较快,适宜种植生育期60~90天的早熟或中早熟品种。该区包括广西壮族自治区(以下简称"广西")、广东、福建、台湾等省区。

（五）西南单双季混作区

多高山,地形复杂,形成了多变的气候环境,不同海拔地区和不同季节对马铃薯品种熟性、抗性要求均不同,高寒山区适宜一年一季,低山河谷地区适于双季栽培,种植水平、产量、商品率均较低。该区包括云南、贵州两省,川西高原及湖南、湖北两省的西部山区。大春净作马铃薯适宜选择晚熟品种,要求抗晚疫病、高产和抗旱;大春套作马铃薯适宜选择早熟品种;小春作马铃薯适宜选择早熟、耐寒、抗旱、高产品种;秋作马铃薯适宜选择早熟、耐寒、抗晚疫病、高产品种。

第二章 马铃薯的生物学特性

第一节 马铃薯的植物学特性

马铃薯是茄科(Solinaceae)茄属(*Solanum*)的草本植物。生产应用的品种都属于茄属结块茎的种(*Solinum tuberosum* L.),染色体数 $2n=2x=48$。市场上多用块茎繁殖,也称多年生植物。马铃薯植株分为地上部分和地下部分,地上部分包括地上茎、叶片、花、果实、种子,地下部分包括地下茎、匍匐茎、根、块茎(图 2-1)。

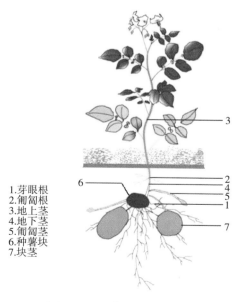

1.芽眼根
2.匍匐根
3.地上茎
4.地下茎
5.匍匐茎
6.种薯块
7.块茎

图 2-1 马铃薯植株形态特征

根分为直根系和须根系。通常种子所繁殖的根有主、侧根之分,块茎所繁殖的根为不定根,无主、侧根之分。

须根系根据其发生的时期、部位、分布状况可分为两类:

不定根:在初生芽的基部 3~4 节上发生的不定根,称为芽眼根或节根,分枝能力强,分布宽度 30 厘米左右,深度 150~200 厘米,是马铃薯的主体根系。

匍匐根:在地下茎的上部各节上陆续发生了不定根,称为匍匐根,一般每节上发生 3~6 条,分枝能力较弱,长度较短,一般为 10~20 厘米,分布在表土层,生育后期培土,有利于此类根系生长。匍匐根对磷素有较强的吸收能力。

马铃薯根系的多少和强弱,直接关系到植株是否健壮繁茂,对块茎产量和质量都有直接影响。根系生长状况如何,栽培条件是关键。土地条件好,土层深厚,土质疏松,翻得深,耙得细,通气透气,地温适宜,都有利于根系发育。加强管理,配合深种深培土,及时中耕培土,增施磷肥等措施,都能促进根系的发育。

马铃薯的茎包括地上茎、地下茎、匍匐茎和块茎,它们是同源器官,但形态和功能却各不相同。

(一)地上茎

由块茎芽眼萌发的幼芽发育形成的地上主干和分枝,统称为地上茎,它是由芽眼萌发的幼芽发育成的枝条。在茎的表皮里有维管束,能把根系吸收来的无机营养物质和水分运送到叶片里,再把叶片中经光合作用制造的有机营养物质向下运送到块茎中。同时,地上茎还起到支撑分枝和叶片的作用。地上茎一般高度 30~100 厘米,早熟品种比晚熟品种矮。地上茎都是直立和半直立的。茎上节间明显,节间的长短与品种、种植密度、氮肥用量有关,氮肥用量大,节间长,易徒长、倒伏。茎一般绿色或绿色带紫色、褐色。

(二)地下茎

地下茎是种薯发芽长出的枝条埋在土里的部分,下部白色,靠近地表处稍绿或带褐色,老时变为褐色。茎上着生根系(芽眼根、匍匐根)、匍匐茎、块茎。地下茎节间很短,一般有 6~8 节。地下茎的长度因播种深度和培土厚度不同而不同,一般为 10~20 厘米。

(三)匍匐茎

匍匐茎是由地下茎的节上腋芽长成的,实际是茎在土壤里的分枝,所以也被称为匍匐枝。其为白色,在土壤里水平生长,是结块茎的地方,叶子制造的有机物通过匍匐茎输送到块茎里,可以把匍匐茎比喻成胎儿的脐带。一般幼苗长到 5~10 片叶时,地下茎就开始长匍匐茎。匍匐茎的长度一般为 3~10 厘米,不同品种其长短也不同。一般一个地下茎上能长出 4~8 条有效匍匐茎。如果播种浅、垄太小、培土浅或土壤湿度大,匍匐茎会露出地表,长出叶片,变成普通分枝,农民把这种现象称为"窜箭"。出现这种现象就会减少结薯个数,影响产量。因此,适宜深度播种和厚培土,能保证地下茎的长度和节数,为匍匐茎生长创造良好条件,长出足够的匍匐茎,增加有效块茎数量。

(四)块茎

马铃薯的块茎,是缩短而肥大的变态茎,既是经济产品器官,又是繁殖器官。当匍匐茎顶端停止极性生长后,皮层、髓部及韧皮部的薄壁细胞开始分生和扩大,并积累大量淀粉,从而使匍匐茎顶端膨大形成块茎。

块茎具有地上茎的各种特征:

①在块茎生长初期,即表面各节上都有鳞片状退化小叶,无叶绿素,呈黄白色或白色,至块茎稍大后,鳞片状退化小叶凋萎脱落,残留的叶痕呈新月状,称为芽眉。芽眉内侧表面向内凹陷成为芽眼,芽眼的深浅因品种和栽培条件而异,芽眼过深是一种不良性状。每个芽眼内有至少3个未伸长的芽,中央较突出的为主芽,其余的为侧芽或副芽。发芽时主芽先萌发,侧芽一般呈休眠状态。

②芽眼在块茎上呈螺旋状排列,顶部密,基部疏。块茎最顶端的一个芽眼较大,内含芽较多,称为顶芽。在块茎萌发时,顶芽最先萌发,幼芽生长快而壮。从顶芽向下的各个芽眼,依次萌发,其发芽势逐渐减弱(图2-2)。

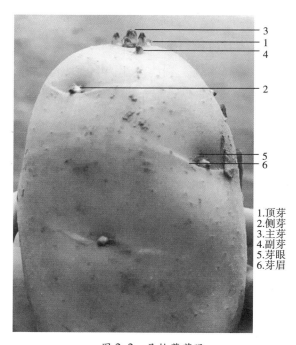

1.顶芽
2.侧芽
3.主芽
4.副芽
5.芽眼
6.芽眉

图 2-2　马铃薯芽眼

③块茎的大小决定于品种特性和生长条件,一般每块重50~250克,大块可在1 500克以上。块茎的形状因品种而异,但栽培条件和气候条件

会使块茎形状产生一定变异。块茎形状大致分为 3 种主要类型,即圆形、长筒形、椭圆形。在正常情况下,每一品种的成熟块茎都具有固定的形状,是鉴别品种的重要依据之一。

④马铃薯块茎的皮色有黄、白、紫、淡红、深红、玫瑰红、淡蓝、深蓝等色(图 2-3)。块茎的肉色有白、黄、红、紫、蓝及色素分布不均匀的。食用品种以黄肉和白肉者为多。同品种的块茎都具有固定的皮色与肉色。

⑤块茎表皮光滑、粗糙或有网纹,其上分布有皮孔,有与外界交换气体和蒸散水分的功能。在湿度过高的情况下,由于细胞增生,使皮孔张开,表面形成凸起的小疙瘩,既影响商品价值,又易被病菌侵入。

图 2-3　马铃薯块茎的形态及颜色

马铃薯的地上茎、匍匐茎、块茎都有分枝的能力,不同品种的马铃薯分枝多少和早晚不一样。一般早熟品种分枝晚,而且大多是上部分枝;晚熟品种分枝早,分枝数量多,多为下部分枝。地下茎的分枝,在地下的环境中形成了匍匐茎,其尖端膨大就长成了块茎。匍匐茎的节上有时也长出分枝,只不过它尖端结的块茎不如原匍匐茎结的块茎大。在生长过程

中,如果遇到特殊情况,它的分枝就形成了畸形的块茎。上年收获的块茎,在下年种植是从芽眼长出新植株,这也是由茎分枝的特性所决定的。如果没有这一特性,利用块茎进行无限繁殖就不可能了。另外,地上的分枝也能长成块茎,当地下茎的疏导组织(筛管)受到破坏时,叶片制造的有机营养向下输送受到阻碍,就会把营养储存在地上茎基部的小分枝里,逐渐膨大,称其为小块茎,呈绿色,一般是几个或十几个堆簇在一起。这种小块茎叫气生薯,不能食用。

 叶

(一)单叶

马铃薯无论用种子还是块茎繁殖时,最初生长的几片初生叶均为单叶(图2-4)。

(二)复叶

随着植株的生长,逐渐长出奇数羽状复叶(图2-4)。复叶互生呈螺旋状排列,叶序为2/5、3/8或5/13,每个复叶有顶生小叶和3~7对侧生小叶,侧生小叶之间有小叶裂。顶生小叶叶形略大,其形状和侧生小叶的对数是品种的特征之一。

新长出的单叶

长出的羽状复叶

图2-4 马铃薯叶片

四 花

马铃薯为自花授粉作物。花序为聚伞花絮。花柄细长,着生在叶腋或叶枝上。每个花序有 2~5 个分枝,每个分枝有 4~8 朵花,在花柄的中上部,有一突起的离层环,称为花柄节。花冠合瓣,基部合生呈管状,顶端五裂,并有星形色轮。花冠有白色、浅红色、紫红色及蓝色等。雄蕊 5 枚,雌蕊 1 枚,子房上位,由两个连生心皮构成,中轴胎座,胚珠多枚(图 2-5)。

图 2-5　马铃薯花

五 果实与种子

(一)果实

果实为浆果,呈圆形或椭圆形;果皮呈绿色、褐色或紫绿色。果实内含 100~250 粒种子。

(二)种子

种子很小,呈扁平卵圆形,淡黄色或暗灰色,千粒重为 0.4~0.6 克。刚收获的种子,一般有 6 个月左右的休眠期。充分成熟或经日晒的浆果,其种子休眠期可缩短。当年收获的种子发芽率一般为 50%~60%,经过贮藏 1 年的种子发芽率较高,一般在 90% 以上。种子通常在干燥低温下贮藏 7~8 年

仍不失发芽力(图2-6)。

图 2-6　马铃薯果实及实生种子

▶ 第二节　马铃薯的生长发育过程

马铃薯的生长发育分为 5 个时期(图2-7、图2-8)。

发芽期

幼苗期

块茎形成期

块茎膨大期

成熟期

图 2-7　马铃薯生长发育的 5 个时期

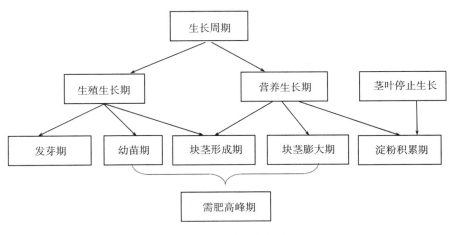

图 2-8　马铃薯的生长周期

一　发芽期

播种到出苗期,称发芽期。本期生长主要靠种薯内部的营养,一般需
25~30 天。首先,发芽阶段叶片的分化全部完成,该期器官的建成以根系
形成为中心,伴随幼芽的生长,叶和花原基分化。在发芽过程中,一般不
需从外界吸收水分和养分。中原二季作区春早熟马铃薯影响幼苗和根系
生长的主要因素是温度和土壤水分,适宜的温度和土壤水分范围,发芽、
生根、出苗较快。其次,种薯质量与栽培措施对发芽出苗有很大影响。幼
嫩小整薯、脱毒种薯,出苗整齐,幼苗健壮。提早催芽,深播浅培土,地温
高,透气好,出苗快且齐。

二　幼苗期

从出苗到孕蕾,为马铃薯幼苗期。出苗后经 5~6 天便有 4~6 片叶展
开。整个幼苗期根系继续向深广发展,出苗 7~10 天,幼苗主茎地下各节
上的匍匐茎就开始自下而上陆续发生。出苗后 15 天,地下各茎节上的匍
匐茎均已形成,并开始横向生长。栽培良好,匍匐茎增多,结薯也增多;若

环境不利,则可能负向地生长,冒出地面,抽出新叶变成普通的侧枝。

幼苗期以茎叶生长和根系发育为中心,同时伴随着匍匐茎的形成和生长,块茎尚未形成。该期茎叶鲜重占最大鲜重的 5%~10%,茎叶干重占全生育期总干重的 2%~5%。当主茎生长点开始孕蕾,匍匐茎顶端停止极性生长并开始膨大时,标志着幼苗期结束,块茎形成期开始,这段时期需 15~25 天。

幼苗期是承上启下的生育时期,是将来结薯的基础。营养的主要来源靠种薯继续供给和进行光合作用制造,对肥水十分敏感,氮素不足会严重影响茎叶生长和产量的形成,缺磷、干旱会影响根系的发育和匍匐茎的形成。播种同时使用速效氮、磷肥作种肥,具有明显的增产效果。

(三) 块茎形成期

从匍匐茎停止极限生长、顶端开始膨大到茎叶干物重和块茎干物重平衡期(即开花初期)止,为块茎形成期。本期的生长中心是块茎的形成,每个单株上所有的块茎基本上都是在这一时期形成的。本期是决定块茎数目多少的关键时期,一般需 20~30 天。

块茎形成期的特点是:单纯营养生长转至营养、生殖生长同步进行,地上部茎叶生长和块茎生长同时进行。本期营养物质需要量急剧增加,根系吸收能力增强,叶面积迅速增大,光合功能旺盛,光合作用制造的有机物质向地下转移量开始增加。

马铃薯结薯部位一般为块茎的 8~10 节,每节能形成 1~3 个匍匐茎,中部偏下节位形成块茎较早。由于结薯部位的营养、土壤温湿度等条件不同,到后期生长势有很大差异。通常上部地温高、湿度小,下部通气条件差、地温往往较低,均不适宜块茎膨大生长。中部节位各种条件较适宜,块茎形成早、生长迅速,最后获得较大块茎。地温 16~18 ℃对于块茎的形成最有利,超过 25 ℃块茎生长几乎停止,但茎叶仍能够正常生长。这时有机营养全部用于匍匐茎和茎叶生长,从而造成茎叶徒长和匍匐茎窜出地面,形成地上枝条,多水肥条件下,这种现象更加明显。土温上升到 29 ℃时,光合作用减弱,茎叶生长也严重受阻,叶片皱缩,甚至灼伤死亡,产量显著降低。马铃薯出苗后,地膜上培土有利于降低地温,促进块茎膨大。

马铃薯结薯是由不同的内外环境因素控制的,低温下结薯较早,尤其在夜温低的情况下可以获得较高的块茎产量,夜温高则不能结薯;长日照、弱光,结薯迟。赤霉素含量高会阻止干物质的形成和分配,限制结薯;细胞分裂素的含量高,可刺激结薯。该期要保证充足的水肥供应,及时中耕培土,防止氮素过多。通过控制播期及其他栽培技术调节温度和日照,是争取丰收的关键措施。

四 块茎膨大期

马铃薯块茎膨大期基本上与开花期一致,以地上部进入盛花期为标志。该期以块茎的体积和重量增长为中心,是决定块茎大小的关键时期。条件适宜,每株块茎每天可增重 40 克以上。地上部生长也极为迅速,平均每天增长 2~3 厘米,单株茎叶鲜重日增量 15~40 克,叶面积和茎叶鲜重达到一生最大值。该期一般持续 15~20 天。

茎叶鲜重与块茎鲜重相等时,称为茎叶与块茎鲜重平衡期,标志着块茎膨大期的结束,淀粉积累期开始。鲜重平衡期出现的早晚与品种、栽培技术有密切关系,平衡期过早、过迟均会使地上地下生长失调,会造成减产和降低品质。平衡期延续时间越长,产量越高,该期形成的干物质占全生育期干物质总量的 75% 以上,也是马铃薯一生中需水需肥最多的时期。如遇高温干旱,会严重影响块茎的干物质增长,致使块茎老化,薯块变小

甚至畸形。如遇地温降低,极易形成子薯,致使品质降低。因此,本期要注意防旱排涝,适宜的水分保障是丰产优质的关键。

五 成熟期

(一)淀粉积累期

鲜重平衡期以后,开花结实接近结束,茎叶开始衰老变黄,便进入了淀粉积累期。该期块茎体积不再增大,但重量继续增加,干物质由地上部迅速向块茎中转移积累,是以淀粉积累为中心的时期。块茎中蛋白质和矿质元素也同时增加,糖分和纤维素则逐渐减少。淀粉积累一直延续到茎叶全部枯死之前,该期一般持续 20~25 天。

该期要防止茎叶早衰,尽量延长叶绿体的寿命,增加光合作用和物质运转的时间。该期光合作用强度非常微弱,主要的生理过程是物质转移,要做好防霜冻工作,防止后期干旱和水分、氮素过多,影响有机物质的转运和贪青晚熟。

(二)成熟收获期

当全部茎叶枯死之后,块茎即充分成熟,应及时收获,否则会因块茎呼吸消耗而造成损失,或低温受冻影响品质和耐贮性。中原地区春季马铃薯以鲜食销售为主,一般在收获时马铃薯都没有完全成熟。

▶ 第三节 马铃薯生长的外界环境条件

一 生态环境条件

(一)土壤条件

马铃薯要求肥沃、疏松、透气性良好、适宜块茎生长膨大的壤土或沙壤土。沙性土壤,保肥力差,应多施有机肥;黏性土壤,保肥力强,但透气性差,易导致薯块发育不良,产生畸形薯、薯皮粗糙、商品外观差且容易腐烂。马铃薯适宜在微酸性土壤中生长。

(二)温度条件

马铃薯起源于南美洲安第斯山高山区,形成了性喜冷凉的自然特性,植株和块茎只有在冷凉气候条件下才能很好地生长。特别是在结薯期,叶片中的光合产物只有在夜间温度低的情况下才能积累。因此,马铃薯非常适合在冷凉、昼夜温差大的地区种植。我国马铃薯的主产区大多分布在东北、华北北部和西北,虽然经人工驯化培养,选育出早熟、中熟、晚熟等不同生育期的马铃薯品种,但在南方气温较高的地方,仍然要选择气温适宜的季节种植马铃薯,以获得较好的经济效益。马铃薯中原二作区春、秋两季栽培就是顺应马铃薯对生态气候条件的选择。

马铃薯通过休眠后,当温度达到 5 ℃时开始发芽,幼芽生长适宜温度为 13~18 ℃;茎的伸长以 18 ℃最适宜,温度低,生长缓慢;茎叶生长最适宜温度为 16~21 ℃,超过 25 ℃,茎叶生长缓慢,超过 29 ℃或降至7 ℃以下,茎停止生长;最适宜块茎生长的土温为 15~18 ℃,夜间较低的气温比土温对块茎形成更为重要,植株处在土温 18~20 ℃、夜温 12 ℃左右,有利于形成块茎,夜温 23 ℃以上则无块茎。

(三)水分条件

1.发芽期

马铃薯发芽期所需水分主要靠种薯自身薯块里的水分供应,如芽块较大,为 30~40 克,土壤含水量也在 30%左右,就可以保证发芽出苗。

2.幼苗期

幼苗期叶面积小,蒸腾量不大,此阶段的耗水量相对较少。一般幼苗期的耗水量是全生育期耗水量的 10%,土壤保持最大持水量的 65%为最

佳。此阶段不宜水分过剩,否则影响根系发育,并降低后期抗旱能力;但水分不足则影响地上部分发育,造成发育缓慢,棵小叶小,花蕾脱落。

3.块茎形成期

马铃薯块茎形成时期需要充足的水分,此阶段蒸腾量迅速增大,耗水量占全生育期耗水量的 30% 左右,为确保植株各器官迅速建成,很好地增长块茎,要保持田间最大持水量在 70%~75%。水分不足会造成植株生长缓慢,块茎减少,影响增产。

4.块茎膨大期

从开花到花落后的 1 周是块茎膨大期,此阶段马铃薯需水量最多,田间持水量应保持在 75%~80%。此阶段植株体内营养分配由供应茎叶迅速生长为主,转变为满足块茎迅速膨大为主,茎叶的生长速度明显减缓。

据测定,这个阶段的需水量占全生育期需水总量的 50% 以上,此阶段如缺水会导致块茎停止生长。以后即使再降雨或有水分供应,植株和块茎恢复生长后,块茎容易出现二次生长,形成串薯等畸形薯块,降低产品质量。但水分也不能过大,如果水分过大,茎叶就易出现疯长的现象。这不仅消耗了大量营养,而且会使茎叶细嫩倒伏,为病害的侵染创造了有利的条件。

5.淀粉积累期

马铃薯淀粉积累期需适量水分供应,保证植株叶面积和养分向块茎转移。淀粉积累期耗水量约占全生育期需水量的 10%,保持田间最大持水量的 60%~65% 即可。不可水分过大,土壤过于潮湿,块茎的气孔开裂外翻,会造成薯皮粗糙。这种薯皮易被病菌侵入,对贮藏不利。如造成田间烂薯,将严重减产。结薯后期逐渐降低水分,收获时土壤相对含水量降至50% 左右。

（四）光照条件

马铃薯是喜光作物。种植过密则相互遮阴，光照不足，影响光合作用，造成减产。长日照对茎叶生长和开花有利，短日照有利于养分积累和块茎膨大。一般短日照比长日照使茎的伸长停止较早，块茎发生较早，故秋马铃薯植株较矮，结薯期较早。

光对薯块的幼芽有抑制作用，过暗则幼芽又细又长，所以块茎在散射光条件下长出的幼芽粗壮发绿。晾芽是一条很重要的生产措施，也是在催芽中应注意的一个重要环节。

（五）气候条件

幼苗期短日照、强光和适当高温，有利于发根壮苗和提早结薯；幼苗期（发棵期）长日照、强光和适当高温，有利于建立强大的同化系统。结薯期短日照、强光和较大昼夜温差，有利于同化产物向块茎运转，促使块茎高产。利用大棚设施条件进行保护地栽培，可使春马铃薯提早播种，秋马铃薯延迟收获。马铃薯生长发育处在短日照、强光条件下，可延长马铃薯有效生长期，利于块茎的形成和膨大，这是大棚马铃薯高产的基础。安徽省等马铃薯中原二季作区，四季分明，光热资源极为丰富，雨热同期，春秋两季雨水偏少，光照条件好，利于马铃薯高产栽培。同时，当地地势平坦，农田水利条件配套完善，发展春、秋马铃薯得天独厚，为马铃薯产业发展壮大提供了基础。

二 矿质营养条件

马铃薯是高产作物，需要肥料也较多，一般生产 1 000 千克马铃薯块茎约需氮 5 千克、磷 2 千克、钾 11 千克，三要素中马铃薯需钾最多，其次是氮肥，磷肥最少。此外，马铃薯还需要钙、镁、硫、锌、钼、硼等微量元素。虽然需要量较少，但缺少这些元素也可能引起病症，影响块茎形成、膨

大,降低产量和品质。

(一)氮

马铃薯吸收氮素主要用于枝叶的生长,适量的氮肥能使马铃薯植株繁茂,叶片浓绿,为有机营养的制造和积累创造有利的条件,还能增加块茎中的蛋白质含量,提高块茎的品质。

如果缺氮,马铃薯植株矮小,长势弱,叶片小,叶色淡绿发黄,分枝少,开花早,下部叶片提前枯萎、凋落,产量降低。氮肥如果过量,会引起疯长,打乱营养的分配,大量的营养消耗在枝叶生长上,匍匐茎"窜箭",降低块茎形成数量,结薯晚,块茎成熟晚,降低干物质含量,不耐贮藏,易感病腐烂。另外,氮肥多,枝叶嫩,易感晚疫病。

(二)磷

磷能促进植物体内各种物质的转化,增加块茎干物质和淀粉积累,提高氮肥的增产效果,增强植株的抗寒、抗旱能力。酸性、黏重和沙质土壤容易缺磷,生育初期缺磷,植株生长缓慢,产生细、弱、僵苗,分枝减少,叶片变小而细长,向上卷曲,叶色暗绿无光泽;严重缺磷的植株基部叶片叶尖首先褪绿变褐,逐渐向全叶扩展,最后整个叶片枯萎脱落,并由下向上扩展到植株顶部。缺磷还会使根系和匍匐茎数量减少,根系变短影响产量。为提高马铃薯产量,应重视磷肥使用,在播种时把速效性磷肥输入播种沟内,生育期间若发生缺磷,应及时向叶面喷施0.1%~0.3%过磷酸钙水溶液,每隔5天喷1次,连喷2~3次。

(三)钾

钾可以加强植株体内的代谢过程,增强光合作用,延迟叶片的衰老进程,促进体内蛋白质、淀粉、纤维素的合成,增强抗寒和抗病性。植株缺钾,生长缓慢,节间变短,植株呈丛生状,小叶叶尖萎缩,叶片向下卷曲,叶表粗糙,叶尖及叶缘首先由绿色逐渐变为暗绿色、黄色,最后发展至全叶,变成古铜色。植株缺钾症状最先在局部叶片表现,逐渐向顶部叶片发展。缺钾还会造成匍匐茎缩短,根系发育不良,吸收能力减弱,块茎变小。马铃薯是喜钾作物,生产上应重视使用钾肥。生育期间缺钾,要及时用0.1%~0.3%磷酸二氢钾水溶液进行叶面喷施,每隔5~7天喷施1次,连喷2~3次。

(四)钙

钙是组成细胞壁的重要元素,还与细胞膜的形成有关,为马铃薯生长发育所必需。钙除作为营养供植株吸收利用外,还能中和土壤酸性,促进土壤有效营养的形成,抑制其他元素的毒害作用。当植株缺钙时,分生组织首先受害,细胞壁的形成受阻,从而影响细胞分裂。在植株形态上的表现是幼叶变小,小叶边缘呈淡绿色,茎节向上缩短,植株顶部呈丛生状。严重缺钙时,叶片、叶柄及茎上都出现杂色斑点,失去经济价值。经过贮藏的块茎有时芽顶端出现褐色坏死,甚至全芽死亡,这也是缺钙现象。土壤缺钙,可在大田撒施石灰,每公顷用量450~750千克,或施过磷酸钙肥、钙镁硫中量元素复合肥。生长期发生缺钙症状时,应立即对叶面喷施0.3%过磷酸钙水溶液,每隔5~7天喷1次,连喷2~3次。

(五)镁

镁是叶绿素的构成元素之一,它与植物的光合作用密切相关。植物缺镁时,首先影响到叶绿素的合成,其症状表现是从基部叶片的小叶边缘开始由绿变黄,而叶脉仍呈绿色,严重缺镁时,叶色由黄变褐,叶片变厚、变脆,并向上卷曲,最后病叶枯萎脱落。增施镁肥对马铃薯增产效果较好,土壤缺镁时,应沟施磷酸镁或其他含镁肥料,如钙镁磷肥、白云石等。发现植株缺镁时,应及时向叶面喷施0.5%硫酸镁溶液。

(六)硼

硼是一种微量元素,植株对其需要量很少,但它在植株体内的作用并

不比大量元素小。植株缺硼时生长点死亡,节间缩短,叶片变厚且上卷,分枝多,植株呈丛生状。主茎基部有褐色斑点出现,影响光合产物的运转,叶片内淀粉积累明显,类似于卷叶病毒病。根尖端萎缩,侧枝增多,影响根系向深层生长,块茎变小,脐部变褐。一般沙质土容易缺硼,缺硼土壤可结合使用基肥,每亩施0.5千克的硼砂。

(七)锌

锌是某些酶的组成成分和活化剂,又是吲哚乙酸合成所必需的物质。缺锌时,植株中吲哚乙酸减少,株型和生长异常;缺锌还能引起马铃薯嫩叶褪绿并上卷,与早期卷叶病症状相似,叶面上有褐色、青铜色斑点,然后变成坏死斑,叶柄和茎上也出现褐色斑点,叶片变薄变脆。锌含量过高,同样表现为植株生长发育受阻,上部叶片边缘稍微褪色,下部叶片背面呈现紫色。当土壤缺锌时可在使用有机肥与农家肥的基础上,每公顷施7.5~11.0千克硫酸锌即可,也可分别于幼苗期、发棵期、结薯期叶面喷施1次0.5%硫酸锌溶液。

(八)锰

锰能激活三羧酸循环中的某些酶,提高呼吸强度,在光合作用中水的光解需要有锰参与。锰也是叶绿素的结构成分,缺锰时,叶绿体结构会被破坏解体。缺锰的症状常发生在植株的上部,而下部叶片几乎不受影响。缺锰时叶片脉间失绿,逐渐变黄变白,有时顶部叶片向上卷曲。缺锰严重时,幼叶叶脉出现褐色坏死斑点。锰过剩,茎上产生条斑坏死,最初在茎的基部和叶柄的基部,并逐渐向上发展。当植株出现缺锰症状时,应用0.5%硫酸锰水溶液进行叶面喷施。

第四节　马铃薯脱毒种薯

一　马铃薯茎尖脱毒种薯

据科学家研究,影响马铃薯产量的主要原因是种薯的退化,而卷叶病毒、花叶病毒、重花病毒等多种病毒都是侵染马铃薯并引起退化的主要原因。科学家还发现,在马铃薯新长出的芽的顶端分生组织因抗病毒蛋白的存在而含病毒量最低或没有病毒,所以采用把茎尖0.2~0.3毫米的细胞组织取下来,放在培养基中培养的方法,培养成脱毒试管苗(图2-9)。经检测证明各种病毒的含量均为零时,继续在组织培养实验室进行切段扩繁,达到一定数量时,再在保护条件下(网棚或温室)扦插在基质上,浇营养液生产成微型薯,或在网棚里直接繁育成原原种,再继续扩繁成种薯(图2-10)。脱毒种薯比不脱毒的同一品种增产幅度在25%~100%。

脱毒种薯级别分为:原原种(含微型薯种),也称0代;原种,也称为一

图2-9　马铃薯脱毒试管苗

图 2-10　雾培法(左)和基质栽培法(右)进行原原种微型薯生产

代;一级原种,也称为二代;二级原种,也称为三代;三级原种,也称为四代。以后再繁育就不是脱毒种薯了。

二　脱毒种薯增产的原理

　　马铃薯被不同病毒侵染后,植株出现病症,如植株矮小,茎秆细弱,叶片卷曲或皱缩、变脆、变色,叶片出现斑驳,茎叶、叶脉、叶柄坏死,整株枯死等。严重影响了植株对营养的吸收和疏导、光合作用的进行以及干物质的积累,正常的代谢受阻,块茎长不大,产量大大降低。而经过脱毒的种薯,因没有病毒的干扰,长出的苗健壮、整齐、根系发达、吸收能力强,茎粗叶茂,叶片平展,色绿无斑,不死秧,退化株率大大下降。经过脱毒后,植株的生命力增强,生理机制得到了改善,光合作用增强,单株结薯能力提高,结的薯块大,产量也有很大的提高。

三　如何选用脱毒种薯

　　一般高代种薯要比低代种薯的种性好,因为高代种薯脱毒后种植的年头少,重新感病的机会少,种植后发病率低,生长健壮,增产潜力大,增产幅度大。而低代脱毒薯,在继续扩繁过程中,不可避免地出现病毒再感染,所以病毒株率就比高代种薯高,增产潜力比高代种薯小。另外,不同品种的抗病毒能力不同,如克新1号抗病毒能力强,脱毒后再感染比较慢,而费乌瑞它抗病毒能力差,脱毒后很快又会感染病毒,表现为退化快。

鉴于上述情况,在选用脱毒种薯时,首先应根据种植目的来确定选用的种薯级别。如果以生产商品薯或加工原料薯为目的,就可选用低代的脱毒种薯,如二级或三级种薯,用1年后全部出售或加工,不能再留作种薯。要是以繁殖种薯为目的,必须选用高代种薯,用原原种、原种或一级种薯作种薯,收获的薯可以作为种薯出售或自己使用。采购种薯时必须问清代数级别,最好在开花期到田间看好再决定采购,这样才能买到真正的优质种薯(图2-11)。

图 2-11   马铃薯脱毒微型薯

四 建立脱毒种薯繁种田

马铃薯用量大,繁殖系数低,采购时种薯质量不好把控,在马铃薯集中产区,有必要建立自己的繁殖种田(图2-12)。这样就地扩繁,就地供种,方便群众且能降低成本。

一般应选择海拔较高、气温较低,有一定隔离条件的地方作为繁种田。种薯来源要从脱毒中心购买微型薯或原原种。生产过程中要按种薯繁殖

规程进行,生长季节要按期打药防治蚜虫、跳甲等病毒媒介,防治晚疫病;花期要去杂、去劣、去病株,保证种薯纯度和质量,产出的种薯供下一级繁种田或大田用种。

图 2-12　位于内蒙古的马铃薯脱毒种薯繁种田

第三章　马铃薯绿色优质高效栽培技术

第一节　栽培模式与类型

一　露地栽培类型及栽培季节

（一）春季地膜覆盖栽培

这是目前生产上的主要栽培模式,栽培过程是先开沟播种,培土起垄后覆盖地膜。其播种时间因地区不同而略有差异,在安徽省从南到北播种时间是1月下旬至2月中旬。

1.地膜类型

生产上常用地膜类型及其功效如下:

普通地膜:有提高地温、保墒、防土壤板结、护根以及提高肥效等作用。

黑色农膜:有除草、保墒、防土壤板结、护根、减少马铃薯青头以及提高肥效等作用。

黑白双色地膜:作用介于普通地膜和黑色农膜之间。

银灰色地膜:有降温、驱避蚜虫、保墒、防土壤板结、减少马铃薯青头以及提高肥效等作用。

此外,还有蓝色农膜、绿色农膜、红色农膜、除草地膜、降解地膜等。

2.覆盖地膜的作用

安徽等马铃薯中原二季作区,春季马铃薯播种时期正值冬春季,此期气温和地温还很低,马铃薯播种后长期处于低地温状态下,使种薯不发芽或不出苗,容易导致烂种、结闷生薯。地膜覆盖栽培的最大作用是提高土壤温度,使用地膜覆盖可以起到增温保湿的效果,可使作物早生、快长、增产。有研究发现,地膜覆盖后农作物出苗期较未覆盖地膜提早了约8天,盛花期可提早约15天,整个生育期可缩短20天左右。

冬春季低温期间采用地膜覆盖,白天受阳光照射后,0~10厘米土层内可提高温度1~6 ℃,最高在8 ℃以上。但在有作物遮阴时,或地膜表面有土或淤泥覆盖时,土温只比露地高1~5 ℃,土壤潮湿时土温还会比露地低0.5~1.0 ℃,最高可低3 ℃。夜间由于外界冷空气的影响,地膜下的土壤温度只比露地高1~2 ℃。地膜覆盖的增温效应因覆盖时期、覆盖方式、天气条件及地膜种类不同而异。在马铃薯结薯期进行地膜上覆土,可以有效降低地温,创造有利于马铃薯块茎膨大的地温条件。

由于薄膜的气密性强,地膜覆盖后能显著地减少土壤水分蒸发,使土壤湿度稳定,并能长期保持湿润,有利于根系生长。在干旱的情况下,0~25厘米土壤层中含水量比裸露土壤高50%左右。地膜覆盖对土壤有增温保湿的作用,有助于土壤微生物增殖,从而促进腐殖质转化成无机盐,增加了土壤的肥力。同时,地膜覆盖后可减少养分的淋溶、流失、挥发,可提高养分的利用率。此外,地膜覆盖可以避免因灌溉或雨水冲刷而造成的土壤板结现象,可以减少中耕的劳力,并能使土壤疏松,通透性好,提高马铃薯块茎的商品性。同时,可防止返碱现象发生,减轻盐渍危害。

(二)秋季栽培

在安徽省各地都可以进行马铃薯秋季栽培。秋季栽培选择优质的适宜秋播的种薯非常关键,一般种薯来源于二作区春季大棚栽培所留下来的优质小商品薯。播种季节一般在 8 月下旬至 9 月上旬。由于秋季播种期气温和地温较高，一般不采用地膜覆盖。但在生长后期，采用大棚延迟栽培，对于延长生长期，增加产量具有显著的效果。

二 设施栽培类型及栽培季节

安徽等中原二季作区设施马铃薯栽培一般以春提早栽培为主、秋延迟栽培为辅。马铃薯春季栽培为了提早播种和上市，获得更好的经济效益，在外界气候不适合生长的季节里，需要采用设施栽培创造适宜马铃薯生长的环境。

（一）常见设施栽培类型

目前，安徽马铃薯生产上常见的设施栽培类型主要有日光温室、连栋大棚、双层大棚、普通钢架大棚（跨度 5~11 米）、小拱棚（3~4 米）等。

1.日光温室

节能日光温室的简称，又称暖棚。由东、西、北三面围护墙体或聚苯板等复合材料、支撑骨架及覆盖材料组成，是一种在室内不加热的温室。通过后墙体对太阳能吸收实现蓄放热，维持室内一定的温度水平，以满足蔬菜作物生长的需要。一般上部覆盖一定厚度的保温被，在寒冬保暖，用卷帘机揭、盖。日光温室长度 50~60 米，跨度 12~18 米，高 3.5~5.5 米（图 3-1）。

图 3-1　日光温室

2.连栋大棚

也称连体大棚,由两跨及两跨以上单拱大棚,用科学的手段、合理的设计、适宜的材料连接起来,中间无隔墙。连栋大棚主体结构是镀锌钢材,覆盖材料可采用单层或双层充气膜、塑料膜等软质材料,或 PC 板、波浪板、玻璃、钢化玻璃等硬质材料。通常配套有内外遮阳、风机、湿帘、喷灌、滴管等系统。连栋大棚是屋脊两侧均为采光面的温室,又称全光温室。根据屋面形式可分为"人"字屋面、拱圆顶形、锯齿形、造型屋面形。连栋大棚有土地利用率高、室内作业机械化程度高、单位面积能源消耗少、室内温光环境均匀等优点(图 3-2)。

图 3-2　连栋大棚

3.双层大棚

又称二代棚。大棚骨架分为内、外两层,外棚架的跨度 9~12 米,高度2.7 米左右,拱杆钢管插入土中不少于 30 厘米,拱杆间距 1.1 米。内外两层的拱杆钢管间距不小于 50 厘米,上、下两层顶棚间距不少于 60 厘米,并保持两层膜间距的一致。要注意选用质地好的地锚绳和压膜线,以增强外膜抗风险能力。在实行内外新旧薄膜适当搭配使用时,内层旧膜一定要清洗干净,以提高透光率,内、外两层棚膜之间静止的空气隔离层具有增温、控湿、促早发的多重效果。双层大棚最低空气温度比普通钢架大棚高 3~5 ℃（图 3-3）。

图 3-3　双层大棚

4.普通钢架大棚

又称单拱钢架大棚。大棚骨架通常由薄壁钢管加工成的拱杆、拉杆等配件装配而成，棚架上覆盖塑料薄膜而成为拱圆形的塑料大棚。普通钢架大棚一般棚高 2.6 米左右，跨度 5~11 米，覆盖的面积为 1~2 亩（图3-4）。

图 3-4　普通钢架大棚

5.小拱棚

多用竹竿、毛竹片、钢筋等能弯成拱形的材料作骨架，两端插入土中，上面覆盖薄膜而成。小拱棚一般高 1 米左右，宽 1.5~3.0 米（图 3-5）。

图 3-5 小拱棚马铃薯

(二)设施栽培类型及栽培季节

1.三膜覆盖栽培

冬暖大棚+地膜、双层大棚+地膜、大棚(连栋大棚、普通钢架大棚)+小拱棚+地膜设施栽培模式,在1月中旬前后棚内土壤温度最低3~5℃,满足马铃薯播种需要。该种植模式,安徽春季马铃薯播种期为12月下旬至1月初。

2.大棚双膜覆盖栽培

大棚(连栋大棚、普通钢架大棚)+地膜设施栽培模式,在1月下旬前后棚内土壤温度最低3~5℃,满足马铃薯播种需要。该种植模式,马铃薯播种期为1月上中旬。

3.拱棚覆盖栽培

拱棚+地膜设施栽培模式。该种植模式,马铃薯播种期为1月中下旬。

▶ 第二节 春季马铃薯地膜覆盖栽培技术

一 种植流程

根据具体种植方法,采取对应种植流程。

（一）地膜覆盖马铃薯传统人工播种种植流程

整地、施基肥、施防治地下害虫农药—机械起垄—人工打穴或开沟播种—整理垄面—喷除草剂—铺滴灌带、覆盖地膜—引苗及田间管理—人工或机械收获（图3-6）。

图3-6　马铃薯机械起垄人工打宕播种

（二）地膜覆盖马铃薯半机械化种植流程

整地、施基肥—机械开播种沟—施种肥、防病虫农药—人工播种—机械培土起垄—喷除草剂—铺滴灌带、覆膜—机械膜上覆土马铃薯自出苗—田间管理—机械收获（图3-7）。

图3-7　马铃薯机械开沟播种

（三）地膜覆盖马铃薯一体化播种机种植流程

整地、施基肥、施防治地下害虫农药—马铃薯播种机播种（一次性完

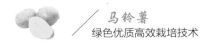
成开播种沟、施种肥、播种、起垄、喷除草剂、铺滴灌带、覆膜流程)—机械膜上覆土马铃薯自出苗—田间管理—机械收获(图3-8)。

图3-8　马铃薯机械化播种

二　播种期的确定

早春马铃薯播种的最佳时期,主要考虑种植模式和播种期、生育期温度,原则上要使马铃薯结薯盛期处在日平均温度15~25 ℃的条件下,而苗期又尽可能地避免受到霜冻危害。在中原二季作区春季马铃薯生产中,播种期早晚对植株生长及产量影响十分显著。在适宜播种期后,每晚播种5天或晚出苗5天,会导致减产5%,如果超过适期15~20天,可减产30%以上。具体到安徽,如果春季播种过晚,马铃薯生长期不仅面临高温,后期还要面临多雨,不仅影响块茎膨大,也会因为土壤湿度大导致烂薯。因此,在安徽省春季地膜覆盖马铃薯适宜早播,从南至北适宜播期为1月中旬至2月初,也就是传统上所说的正月十五前播种要结束。

三　整地施肥

(一)土壤选择

以选择地势平坦、旱能浇、涝能排、土层耕作层深厚、疏松的沙质壤土或壤土地块为宜。稻茬田块应在水稻收割后及时深翻耕30厘米,晒垡、冻垡,保证播种前土壤疏松。同时,注意使用过磺酰脲类除草剂的田块,避免上茬除草剂残留导致马铃薯死苗、僵苗。

(二)施基肥

提倡采用目标产量施肥法或测土配方施肥法进行施肥。马铃薯是需肥量较大的作物,故要在生长过程中施足基肥并及时补充氮、磷、钾肥。在需肥规律上,马铃薯需钾肥最多,氮肥次之,磷肥较少,吸收比为10:5:2。施肥方法上要以基肥为主、追肥为辅。结合翻地每亩施充分腐熟的农家肥3 000千克左右或者商品有机肥500~800千克,生物有机肥100~150千克和适量中微量元素肥,如钙、镁、硫、锌、硼等。基肥化学肥料用量,根据具体施肥模式而有所不同,具体如下。

1."一炮轰"式施肥模式

该施肥模式,化学肥料作为基肥在整地时一次性下地。一般中等肥力的田块,每亩施45%硫酸钾复合肥(15-15-15)100~150千克、过磷酸钙15~25千克、尿素等氮肥8~10千克。

2.基肥、种肥、追肥分次施肥模式

该施肥模式较科学,基肥在整地时一次性下地。一般中等肥力的田块,每亩基肥施用量为45%硫酸钾复合肥(15-15-15)50千克、过磷酸钙15~25千克、尿素等氮肥8~10千克,后再适时进行追肥。

(三)整地起垄

采用单垄单行或单垄双行种植,采用机械或人工起垄,起垄时垄宽60厘米或80厘米,高17~18厘米,垄间距30厘米。播种时土壤干旱是影响出苗、造成减产的主要因素之一,当土壤湿度低于30%时播种前必须造墒,催芽的马铃薯种块最好是"坐水"播种。

四 种薯选择与处理

(一)种薯选择

马铃薯属于无性繁殖作物,易种性退化。安徽马铃薯生产必须选用早熟品种,同时兼顾优质丰产、抗病性好、抗逆性强、商品性好等特性,并选用脱毒生产种薯,如费乌瑞它、沃土 5 号、中薯早 34、徽薯 1 号、希森 6 号、中薯红等。

(二)种薯处理

1.切块

种薯切块后直接播种的,在播种前 1~3 天进行切块;种薯切块后进行催芽处理的,在播种前 15~20 天进行切块。根据芽眼分布进行切块,每块种薯要有 1~2 个芽眼,薯块重 30 克左右。切到病薯要及时剔除,同时用高锰酸钾溶液 1 000 倍或 75%乙醇将切具消毒灭菌。

2.消毒

种薯消毒可以有效预防种传病害和地下害虫,常采用拌种或包衣进行消毒。100 千克种薯切块可用 30%咯菌腈·嘧菌酯·噻虫嗪可分散粉剂 67~100 克进行拌种或 8%氟环·咯菌腈种子处理悬浮剂 30~70 毫升进行包衣。种薯拌种或包衣后才可播种或催芽。

3.催芽

催芽是北方马铃薯栽培中防病丰产的一项重要措施,可缩短种薯播种后的出苗时间,降低由于低温阴雨天气造成的烂种风险,有利于全苗、壮苗和促进早熟。根据安徽地区马铃薯生产长期实践,打破休眠的马铃薯种薯,采用地膜覆盖栽培,催芽栽培和不催芽栽培在产量等方面没有显著差异。考虑到节省人工等因素,绝大部分种植户不采用种薯催芽播种,而是切块后直接播种。

催芽时,将种薯与沙分层相间放置,厚度 3~4 层,并保持 15~20 ℃的温度和 70%~80%的相对湿度,7~10 天即可萌芽。芽萌发后,维持 12~15 ℃的温度和 70%~80%的相对湿度 15~20 天。

根据不同种植方法,对种薯块催芽的大小要求有所不同,人工播种提倡催大芽,而机械播种如果芽过长,在播种的过程中容易碰断。通常,人工播种薯块芽长 1.0~1.5 厘米较合适,先在散射光下晾晒,芽绿化变粗后即可播种;机械化播种则将种薯切块、拌种处理后直接进行播种,如进行催芽,芽长不得超过 0.5 厘米,避免播种时损伤芽头。

五 播种

种薯播种深度 10 厘米左右,采用单行或双行播种栽培,双行栽培两行种块按三角形摆放每亩播 4 000~4 500 株,播种后覆土成垄。覆土后每亩用扑草净 150 克,或 48%氟乐灵 150~200 毫升,或 72%都尔 120~130 毫升,加水 50~60 千克稀释,将 70%~80%药液均匀喷施在垄表面和侧面上,然后覆盖地膜,剩余 20%~30%药液待覆膜压实后,再喷施在覆膜后的垄沟内。采用马铃薯播种机种植的,施肥、播种、起垄、覆盖地膜同步完成。

六 田间管理

(一)适时破膜放苗

1.人工破膜放苗

马铃薯地膜覆盖出苗后要适时破膜放苗,破膜过早幼苗易受冻,破膜过迟高温容易烤苗、烫苗。一般在终霜期后,应在晴天上午及时破膜放苗,扶出幼苗后要立即用细土封住膜口处,以利于土壤保温、保湿,防止苗受到热害。

2.膜上覆土马铃薯自出苗

在地膜覆盖马铃薯顶芽距离地表 1~2 厘米时, 采用培土机于地膜上

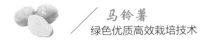

覆土 2~3 厘米，马铃薯可以自行顶破地膜出苗。采用膜上覆土马铃薯自出苗技术，可以改善马铃薯田间的微环境，避免土壤温度、含水量的剧烈变化，前期有利于马铃薯根系的生长，马铃薯植株健壮，后期提供相对恒温、低温的土壤环境，有利于马铃薯块茎的膨大，避免青头薯、畸形薯的产生，提高马铃薯的商品薯率和产量。同时，地膜上覆土可有效减少杂草生长和虫害危害，对保证马铃薯产量具有重要意义（图 3-9）。

图 3-9　马铃薯膜上覆土自出苗

（二）中耕培土

中耕培土是马铃薯获得高产的又一重要措施。培土可使结薯层疏松，以免块茎露出地面变绿，一般进行 1~2 次。第 1 次中耕培土于马铃薯幼苗长到 4~5 叶（苗高 10 厘米）时进行，培土厚度 2~3 厘米；现蕾期和植株封垄前可再行培土 2~3 厘米（图 3-10）。采用上土机或多功能田园管理机可同步完成播种沟中耕和垄面覆土。

图 3-10　马铃薯生长期培土

（三）追肥

采取分次施肥的马铃薯种植田块，马铃薯生长期间按照"前促后控"原则进行田间管理。在整个生长期应追肥1~2次。第一次在刚出齐苗时进行，结合中耕、浇水，每亩施氮磷钾复合肥10千克或尿素7.5千克。第二次在马铃薯刚开花或薯块膨大初期进行，根据长势结合中耕、浇水、培土，每亩追施氮磷钾复合肥15~20千克。进入花期后，如发现缺肥应及时进行根外追肥，用0.3%尿素+0.4%磷酸二氢钾进行叶面喷施。封垄后尽量减少田间作业，以免碰坏叶片，碰倒植株。

（四）水分管理

马铃薯不耐旱，也不耐涝，应根据需要及时浇水，其在不同生长时期对水分要求不同。发芽期芽条吸收种块内储备的水分维持正常发芽，此期土壤水分保持在30%左右即可；待芽长出，根系须从土壤中吸收水分后才能正常出苗，此期土壤相对含水量以50%~60%为宜；幼苗期适宜的土壤相对含水量为60%~70%，低于40%茎叶生长不良；发棵期适宜的土壤相对含水量为70%~80%；结薯期前期应及时供给水分，保持土壤见干见实，薯块快速膨大期最适宜的土壤相对含水量为80%左右，结薯后期逐渐降低水分；收获时土壤相对含水量降至50%左右。

（五）控徒长

如马铃薯出现徒长，在封行前可通过深耕、控水的方法来调控。也可以使用甲哌鎓或50~100毫克/千克烯效唑或1~6毫克/千克矮壮素进行叶面喷施，有效控制徒长。

七　收薯

春季地膜覆盖马铃薯一般出苗后65天左右，到5月中旬至6月初收获。收刨在上午10:00以前、下午3:00以后进行为宜。收获前要彻底清残

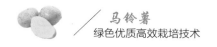

膜,避免或减少土地污染。收获一般包括除秧、挖掘、拣薯、贮藏前分级和
运输等过程。安徽春薯没有明显的收获期,达到商品薯块大小即可收获,
以经济效益为主。收薯应在高温和梅雨季节前进行。收获的薯要防止暴
晒,边收获薯边用薯秧遮盖。运输时要轻拿轻放,避免碰伤薯皮。

▶ 第三节　设施马铃薯春早熟栽培技术

　　安徽省属暖温带与亚热带的过渡地区,其中,淮河以北为暖温带半湿
润季风气候,淮河以南为亚热湿润季风气候。其主要特点是:季风明显,
四季分明,春暖多变,夏雨集中,秋高气爽,冬季寒冷。全年无霜期200~
250天,10 ℃活动积温4 600~5 300 ℃。全年平均降水量773~1 670毫米,
有南多北少,山区多、平原丘陵少的特点,夏季降水丰沛,占年降水量的
40%~60%(表3-1)。

表3-1　安徽马铃薯生长季节主要温度特点　　　　　单位:℃

温度	1月	2月	3月	4月	5月	11月	12月
日均最低温度	0	2	7	13	19	8	1
日均最高温度	8	10	17	23	28	16	10
历史最低温度	-10	-7	0	0	11	-4	-7

　　设施栽培主要适用于中原二季作区越冬栽培和春早熟栽培,这一地
区冬季不能露地生产,而绝对最低气温又不是太寒冷,借助于设施大棚
进行保护地栽培,以确保在5月中旬之前收获上市,获得较好的经济效
益。安徽是典型的马铃薯中原二季作区,冬季平均气温在1 ℃左右,最低
气温不低于-10 ℃,降雨量偏少,光照比较好,特别适宜于马铃薯保护地
栽培。

一 品种和种薯选择

中原二季作区的特点是春季播种后气温逐渐回升,日照时间逐渐加长,特别是后期气温较高,不利于马铃薯的生长发育及结薯。因此,春季生产中只能选择生长期少于 80 天,结薯对温度、光照不敏感的早熟和中早熟品种,生长期大于 85 天的品种有较大风险。应选用结薯早、块茎膨大快、休眠期短、高产、优质、抗病、适应市场需求的早熟品种,如费乌瑞它、中薯 5 号、中薯早 34、徽薯 1 号、沃土 5 号等,并选用优质脱毒种薯。

二 选地整地

安徽设施马铃薯,一般都选用地势平坦、耕作层深厚、土质疏松的沙壤土、壤土或砂姜黑土,有较好的灌溉和排水条件,钢架大棚设施相对比较固定,为提高经济效益,前茬作物一般是秋季蔬菜或玉米,避免与生姜、茄科作物连作,以减轻病害的发生。前茬作物收获后要及时清洁田园,于冬前深翻田块 25~30 厘米,充分晒垡、冻垡,保证播种前整地时土壤疏松。设施栽培模式除了适宜北方地区,也适宜于南方的江苏、浙江、江西、湖北等省的部分地区,栽培管理技术类似。

三 适期播种

马铃薯多层覆盖栽培是相对于马铃薯地膜覆盖栽培来讲的,我们将马铃薯地膜覆盖栽培称为一层覆盖,将两层、三层等覆盖形式通称为马铃薯多层覆盖栽培。研究结果表明,不同覆盖模式的保温效果不同,对马铃薯种块或植株的防寒保护亦不同。如马铃薯起垄栽培,在不覆盖地膜的情况下,播种覆土 10 厘米深,种块可以抗-10.0 ℃低温;覆盖地膜时,播种覆土 10 厘米深,种块可以抗-12.0 ℃低温;"大棚+地膜"的二膜覆盖,马铃薯植株可以抗-1.5 ℃低温;"大棚+拱棚+地膜"或"双层大棚+地膜"

的三膜覆盖,马铃薯植株可以抗-6.0 ℃低温;"大棚+中棚+拱棚+地膜"或"双层大棚+拱棚+地膜"的四膜覆盖,马铃薯植株可以抗-9.0 ℃低温;"日光温室+地膜"的栽培模式,保温性能类似于三膜覆盖栽培(图3-11至图3-13)。

马铃薯播种时应做到适期播种,使薯块膨大期处在气温最适合的时间段,以获得高产和最佳上市期,实现效益最大化。长期实践证明,安徽从南至北,采用"冬暖大棚+地膜""双层大棚+地膜""大棚+拱棚+地膜"等三膜覆盖设施栽培模式,适宜播种期为12月下旬至1月初;"大棚+地膜"二膜覆盖设施栽培模式,适宜播种期为1月上中旬;"拱棚+地膜"栽培模式,适宜播种期为1月中下旬。

图 3-11　马铃薯拱棚双膜覆盖栽培

图 3-12　大棚马铃薯双膜覆盖栽培

图 3-13　大棚马铃薯三膜(左)和四膜(右)覆盖栽培

四　种薯处理

(一)种薯消毒

通过药剂拌种或包衣消毒,可以很好地预防苗期的黑胫病、黑痣病、干腐病、茎基腐病,以及苗期的蚜虫和地下害虫如蛴螬、金针虫等的危害。

常用种薯药剂拌种或包衣配方如下:

配方一:扑海因 50 毫升+高巧 20 毫升/100 千克种薯。即将扑海因 50%悬浮剂 50 毫升混合高巧 60%悬浮种衣剂 20 毫升对水 1 升并摇匀,再用喷壶喷到 100 千克的种薯上,晾干后切块。

配方二:安泰生 100 克+高巧 20 毫升/100 千克种薯。方法同上。

配方三:适乐时 100 毫升+硫酸镁霉素 5~7 克/100 千克种薯。方法同上。

(二)种薯催芽

由于安徽冬季气温不是很低,采用设施大棚栽培通过适度提早播种,可以达到催芽播种的效果。因此,多数种植户都采用种薯切块后直接播种,在一定程度上也节省了人工。而在山东滕州,种植户追求精耕细作和早上市,通常采用催芽播种。

催芽一般在播种前30~35天切块后进行。催芽前将种薯置于温暖有阳光的地方晒2~3天,同时剔除病薯、烂薯。切块时充分利用种薯的顶端优势,每个薯块重30克左右,保留1~2个芽眼。薯块切口晾干后,放在温度为18~20℃的冬暖棚、阳畦或其他温暖的地方,采用层级法催芽。待芽长到2厘米左右时,放在散射光下晾晒,芽绿化变粗后即可播种(图3-14)。

图3-14　马铃薯催芽(左)和已催芽种块(右)

五 整地施肥

(一)大垄栽培

实行马铃薯大垄栽培,有利于改善通风透光条件,方便培土作业,减少薯块的青头,增加产量。单垄双行栽培时,垄距由传统的70厘米加宽到75~80厘米,每亩定植4 500~5 000株;单垄单行栽培时,垄距由原来的60厘米加宽到70厘米,每亩定植4 000~4 500株。

(二)测土配方精准施肥

根据马铃薯目标产量、土壤肥力状况以及马铃薯需肥特性进行测土配方精准施肥,重施有机肥和生物菌剂,培肥地力;增施钾肥,提高产量;氮磷钾配合,补充中微量元素,提高品质。提倡采用水肥一体化,分次施肥。

中等地力水平,目标亩产4 000千克马铃薯地块,每亩需施商品有机肥 300 千克、氮磷钾复合肥(15−10−20 或 15−12−18)150 千克、钙镁硫中量元素肥 10 千克、硫酸锌 1.2 千克、硼肥 1 千克、复合生物菌剂 5 千克。

六 大棚设施搭建

冬暖大棚、双层钢架大棚、标准较高的钢架大棚等多年用固定大棚设施,在整地起垄前建造完毕;简易钢架大棚、拱棚、多层膜覆盖的内棚等季节性临时简易大棚设施,在马铃薯播种结束后进行搭建,以便于机械整地、起垄和播种操作。

七 田间管理

(一)破膜放苗

1.人工放苗

播种后 24~25 天,马铃薯苗陆续顶膜,应在晴天上午及时破膜放苗,并用细土将破膜孔覆土,防止苗受热害。

2.膜上覆土马铃薯自出苗

在地膜覆盖马铃薯顶芽距离地表 1~2 厘米时,采用培土机与地膜上覆土 2~3 厘米,马铃薯可自行顶破地膜出苗,节省人工、出苗整齐。

(二)温度管理

播种后、出苗前大棚的主要管理措施都是围绕着提高棚内气温和地温而进行的,可以说这段时间内大棚内的气温能够达到多高就让它达到多高。有条件的情况下,白天温度不要低于 30 ℃,夜间不低于 20 ℃。出苗前一般情况下不必进行通风,也不必揭开里面的内棚或小拱棚。出全苗后就应该适当降低大棚内的温度,棚内保持白天 20~26 ℃,夜间 12~14 ℃。随着外界温度的升高,逐步加大通风量,当外界最低气温在 10 ℃以上时,固定性大棚四周保持昼夜通风,安徽地区可在 4 月初前后将季节性大棚撤膜。此外,白天只要外界气温不是太低,都应该及时把棚内的内棚或小

拱棚揭开,以使植株接受更多的光照。如果夜间外界气温低于-9 ℃时,就应适当地实行保温措施,如日光温室放下保温被,多层覆盖栽培将所有的棚膜均放下并压实,甚至棚四周围一圈草毡进行保温。采用三膜覆盖栽培的,内二膜出苗前不必揭开,出苗后应早揭晚盖,只要外界最低气温在 0 ℃以上,夜间就可以不用盖。

(三)通风排湿

通风除了调节棚内温度,还有一个重要目的就是降低棚内的空气湿度,以减少病虫害发生。如果棚内潮湿,早晨棚内雾气腾腾的话,就应马上进行通风,浇水后也要进行通风。冬季或早春如果棚外温度低且有风,应从大棚背风处单侧通风,避免外界冷风吹马铃薯嫩叶导致受冷害。生产中要特别注意两个极端:其一是不敢通风,生怕棚内温度低,影响生长,结果导致植株徒长,且会引起病虫害尤其是晚疫病的产生;其二是通风过大,影响植株生长,甚至发生冷害。

(四)光照管理

由于薄膜的覆盖,大棚内光照条件远比露地差,故应尽量增加棚内光照。具体做法是出苗后,白天把多层覆盖的棚内膜掀开,晚上覆盖,即使是阴雨天气也要掀开棚内膜。此外,应始终保持薄膜清洁。

(五)水分管理

马铃薯的水分管理,应是在整个生育期间均匀而充足地供给水分,使土壤耕作层始终保持湿润状态。要掌握小水勤浇的原则,切记不宜大水漫灌过垄面,以免造成土壤板结,影响产量。冬季和早春晴天中午前后浇水;4 月以后,地下马铃薯已经膨大到一定大小,一般要避开晴天中午气温和地温较高的时间段浇水,而要选择早、晚或阴天浇水。

塑料拱棚栽培也是采用地膜覆盖和拱棚覆盖栽培形式,不同的是因为棚体较小,所以一般每棚栽植 2~3 垄马铃薯。拱棚的播种时间要迟于大棚双膜覆盖栽培,马铃薯免催芽切块播种时间一般为 1 月中下旬。拱棚的栽培管理技术与大棚三膜覆盖、二膜覆盖类似。

(六)中耕培土

在马铃薯生长期间应始终保持土壤疏松透气,以利于根系生长和块茎膨大。地膜覆盖栽培马铃薯,中耕往往结合培土进行,第一次中耕在马铃薯即将出苗时,结合膜上覆土马铃薯自出苗管理进行;第二次中耕在植株团棵期进行,即植株 5~7 片叶时,结合中耕进行第二次培土,这次主要向植株基部培土;当植株达到 25~30 厘米时,进行第三次培土,这次除向植株基部培土外,还要向垄的两边培土,最终培成"宽肩垄",厚度 12~15 厘米,防止块茎长出地面青头。在规模化生产中,中耕培土一般都采用机械进行。

(七)追肥

实践证明,植株生长期间适当进行追肥,能够明显提高产量和品质,第 1 次追肥时间以 5~6 片叶龄为宜,每亩追施磷酸二铵 5 千克、硫酸钾 10 千克;第 2 次追肥在块茎膨大初期进行,每亩追施氮磷钾复合肥 10 千克、硫酸钾 10 千克。采用水肥一体化管理技术,追肥同灌溉浇水同步进行,肥料以水溶肥为主。

(八)植株调整与叶面追肥

马铃薯生长期植株出现徒长迹象时,除了通过加大通风降低棚温控旺,常用化控技术进行调控,如叶面喷施适宜浓度烯效唑、缩节胺、甲哌镓等,也可以将激素与叶面肥混合喷施。事实上,各种化肥及微量元素肥都可以作为叶面肥,常用的叶面肥包括 0.5%磷酸二氢钾+0.2%尿素混合液、光合微肥、喷施宝、植物动力 2003 等,叶面肥可连续喷 2~3 次,每次间隔 5~7 天。在植株生长良好,未出现脱肥现象时,喷施叶面肥效果不显著。

▶ 第四节 秋季马铃薯栽培技术

在安徽等中原二季作区,秋季的气温和光照都适合马铃薯块茎的形成和膨大,只要选择适宜的品种,秋季照样可以获得高产。如费乌瑞它,秋季栽培单产最高也可以达到 2 000 千克,采用大棚延迟收获,产量甚至可以在 2 500 千克以上。

一 播种技术要点

播种期间的高温多雨是秋季生产中存在的最主要问题,这给播种后正常出苗带来了一定的困难。因此,如何克服这一困难,保证出全苗是秋季生产的关键。秋季马铃薯生产中应掌握以下几个方面的要点。

(一)适期播种

秋季生产一般不能播种过早或过晚,播种过早植株会发生严重的病毒病和疮痂病,导致产量和商品性下降;播种过晚,又会由于植株生长期不够而不能获得最高产量。一般来说,秋季马铃薯出苗后,要有 60~65 天的生长期才能获得较理想的产量。

秋季马铃薯的收获期以初霜期为准。只要不下霜植株就可生长,各地的初霜期不同。如安徽省各地的初霜期,一般在霜降前后,最迟可到 12 月上旬。因此,播种期应根据当地初霜期向前推算 60~65 天,再加 15 天的出苗期(秋薯播种后一般需 10~15 天出苗),即向前推算 75~80 天为最佳播种期。如安徽省可于 8 月下旬至 9 月初播种。

(二)小整薯播种

整薯播种的主要目的是防止播种后种薯在土壤中发生腐烂。在二季作区,播种时正值雨水比较多、气温较高的 8 月下旬至 9 月初。如果这时仍采用切块播种,会因土壤湿度大、温度高而导致大量烂种。

整薯播种时薯块不易过大,否则浪费严重,最适宜的薯块大小是20~50克。秋播种薯一般是在早春大棚中繁殖的。大棚留种田应于12月下旬至翌年1月中旬播种,4月底至5月初收获,其种薯为原种级别。收获的种薯要避免遭受雨水浸泡、高温以及暴晒,以免影响种薯贮藏。

(三)催大芽播种

秋季栽培要求播种后早生根、早出苗,以保证播种后少烂薯或不烂薯。春季收获的大棚种薯到播种时一般都能通过休眠期并开始萌动,但这样的种薯还未达到最佳播种状态。因此,播种前要进行催芽,根据种薯解除休眠的状态,可提前15~20天催芽。

催芽方法是,先将种薯用3~5毫克/千克的赤霉素和复硝酚钠混合溶液浸泡5分钟(如果种薯已开始发芽,可以不用激素溶液浸泡或降低激素溶液浓度),沥干水后再催芽。选择干燥、通风、阴凉的地方,用2~3层砖砌成长方形浅池(大小因种薯数量定),池底铺5厘米厚的潮湿沙子,然后摆一层种薯,铺一层沙子,连续2~3层,最后覆盖潮湿的草毡遮阴。

催芽中应注意以下事项:催芽床不能直接受到阳光的照射,如果催芽场所没有自然遮阴条件,可用竹竿搭架覆盖草毡遮阴;不能用塑料薄膜等不透气材料覆盖催芽床;不要让雨水直接淋到催芽床上,若催芽床遭雨淋,应马上用清水把床浇透,并把床内的积水全部排走。

当幼芽长到2.5~3.0厘米时,把种薯从沙中扒出来,摊在阴凉处(如室内),让幼芽见光变绿。优质壮芽的标准是,芽长2.5~3.0厘米,基部出现根点,幼芽粗壮并变绿(图3-15)。

(四)地面播种

地面播种就是按规划行距划一浅沟(3厘米左右),把种薯按株距播在沟内,然后用开沟上土机培土起垄,培土厚度与春季相同。起垄后种薯

图 3-15　已催芽秋播马铃薯种薯

大致位于垄的中部位置(距离沟底 10 厘米左右,距离垄面 10 厘米左右),
这种播种方式的优点是在下雨垄沟积水时种薯不会泡在雨水中,从而可
以减少腐烂(图 3-16)。

图 3-16　马铃薯地面播种(左)和培土起垄(右)

(五)适当密植

秋马铃薯出苗后气温逐渐降低,光照时间也逐渐缩短,故植株生长较
弱,植株高度比春季矮 30%左右。因此,栽植密度应比春季大,一般密度为

5 000~5 500 株/亩,单垄单行种植株行距为 19 厘米×70 厘米。也可采用宽垄双行种植方式栽种,垄宽 80~85 厘米,每垄播种两行,行距 20 厘米,株距 30~35 厘米。

(六)播种措施

播种宜于早晨和傍晚进行,阴天可全天播种,上午 9:00 以后气温和地温都开始升高,播种覆土后土壤温度高易造成种薯腐烂。为降低土壤温度,随播种随覆土,播种后可在垄面上覆盖一些稻草等作物秸秆降温保湿;也可以和玉米套种,利用玉米植株给马铃薯降温,以利于马铃薯出苗。

二 田间管理技术要点

(一)播种后立即浇水

如果播种后土壤干旱或地温较高,应及时浇水,直到出苗都应保持土壤湿润。久旱不雨时,垄土受烈日暴晒,土温能升到 40 ℃,这时更需要浇水。这是秋作保证种薯安全出苗的关键,但应当注意的是播种后田间不能积水,下雨后应及时排水。如果田间积水时间长,土壤不透气会导致种薯腐烂,造成缺苗断垄。

(二)及时划锄

每次浇水或下雨后都应及时划锄,疏松表土,以保证土壤透气,促进出苗和根系生长。如果出苗前土壤湿度大且板结,在 3~5 天内就会引起种薯腐烂。

(三)加强肥水管理

秋分以前,日照较长,气温较高,有利于植株茎叶生长。秋分以后,日照渐短,气温降低,有利于块茎生长。因此,秋季生产中一般不会出现徒长现象,只要在前期能够保证植株正常生长就能获得较好产量。为促进

植株生长,要施足底肥,早施追肥。基肥亩施优质商品有机肥150千克和马铃薯配方肥60千克作底肥,钾肥可选用硫酸钾或氯化钾。出苗后应抓紧追施1次氮肥,追施尿素10千克/亩。块茎膨大期可追施高钾型复合肥30千克/亩或高钾型水溶肥8~10千克/亩。也可从苗期起,每10天喷施1次0.1%硫酸镁和0.3%磷酸二氢钾混合液,连续3次,有利于增产。

(四)及时培土

每次浇水或下雨后都应及时进行中耕,并结合中耕进行培土和追肥。秋马铃薯应采取浅培、多培的办法,第一次培土在植株4~5片叶时进行,第二次在现蕾期进行,第三次在块茎快速膨大期进行,此次培土应厚些。

(五)病虫害防治

1.害虫防治

注意防治蛴螬、金针虫等地下害虫和茶黄螨、红蜘蛛、棉铃虫等地上害虫。

2.病害防治

秋季阴雨天较多,易发生晚疫病;秋播马铃薯苗期易发生病毒病,首先要及时防治蚜虫,避免传播病毒,可用10%吡虫啉或3%啶虫脒20克/亩对水喷杀;发病后,可用病毒A 500倍液进行喷洒。

(六)延迟收获

在不影响后茬作物播种的前提下,为延长秋马铃薯块茎膨大期,提高产量,可待地上部茎叶枯死时再收获。有条件的,可于10月下旬后在马铃薯田块搭建简易大棚,预防早霜冻,马铃薯可延迟至春节前后收获(图3-17)。

图 3-17　秋季马铃薯大棚延迟栽培

▶ 第五节　马铃薯水肥药一体化管理技术

一　马铃薯水肥药一体化技术原理

马铃薯生产的目标是用更低的生产成本去获得更高的产量、更好的品质和更优的经济效益。从马铃薯的生长要素来看，水分和养分是必不可少的，也是人为可以调控的。因此，要实现马铃薯的最大生产潜力，合理调节水肥的平衡供应非常重要。

马铃薯水肥药一体化技术是地膜覆盖、滴灌和水肥、水药一体化管理相结合，将肥料、农药按照适宜的配比溶于水中，借助管道压力系统输送到田间，通过铺设于地膜下的滴灌管（带）进行灌溉和施肥、施药，适时适量地满足马铃薯对水分、养分和病虫害防控的需要，实现马铃薯水、肥、药的精准高效利用。

水肥一体化智能灌溉系统利用物联网技术、高精度的土壤墒情传感器及智能自动小型气象站，远程在线采集土壤墒情、酸碱度、气象信息

等,实现墒情(旱情)自动预报,灌溉用水量智能决策,远程、自动控制灌溉设备等功能(图3-18)。

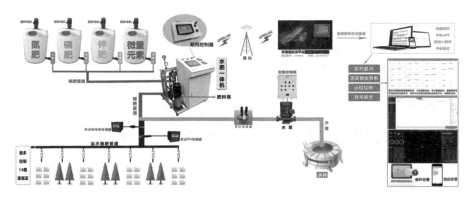

图 3-18　水肥一体化智能系统

二 水肥药一体化技术的优势

(一)减少烂种烂薯

传统马铃薯播种后采用沟灌土壤湿度大,深播烂种现象比较严重,但如果浅播又担心水分不足影响出苗。采用水肥药一体化技术可保持土壤均衡的湿度和良好的通气性,种薯可深播10~14厘米而不烂种,成薯期也不会因为沟灌浸泡而烂薯。

(二)均衡供水

传统的沟灌漫灌,水资源浪费严重,采用水肥药一体化技术可实现水分的定时、定量供应,能保持土壤水分处于马铃薯生长的最适宜状态。

(三)均衡施肥

传统人工施肥很难做到按马铃薯需肥规律及时追施,特别是地膜覆盖栽培马铃薯。马铃薯水肥药一体化技术按照马铃薯的需肥规律,采用"前期少、中期多、后期持续"的科学的肥料分配,真正做到适量平衡精准施肥,显著节省肥料。

（四）节省人工

水肥药一体化技术是应用管道灌溉和施肥、施药，灌溉和施肥、施药作业在田间固定地点进行，只需打开田间布置的阀门并将肥料、农药分别倒入施肥池、施药桶，无须下地。通常一个人可以负责数百亩的灌溉和施肥、施药任务。

（五）防止病虫害传播，减少杂草危害

水肥药一体化技术可提供作物最佳的水分和养分条件，作物生长潜力充分发挥，生长旺盛，抗病能力提高。而且因为滴灌是单独灌溉，不存在地表径流，从而切断了镰刀菌孢子的传播，青枯病等发病率降低，行间杂草少，农药和除草剂的使用少。

（六）保护环境

传统的大水漫灌方法极易将基肥中的氮等养分淋溶到根系底层，水肥药一体化技术采用"少量多次"的方法施肥，肥料只供应根部，硝酸盐淋溶损失大量减少。在节肥的同时，避免肥料流失对土壤、水体的污染，实现对环境的保护。

（七）能够适时进行地下害虫和土传病害的防治

传统的地下害虫防治通常只能在整地起垄时进行预防，马铃薯生长期一般没有很好的防治方法；疮痂病、根腐病、黑痣病、黑胫病、环腐病等土传病害，马铃薯生长期一般也很难用药物直达病灶进行防治。而采用水肥药一体化技术借助滴灌管道，能够适时、精准、快速地进行地下害虫和土传病害防治，为安全生产保驾护航。

三 水肥药一体化工程主要设施

（一）灌溉系统

主要包括首部系统、地下管道和地面灌溉系统。首部系统包括连接水

泵出水口的管道、止逆阀、进排气阀、过滤器、压力表、计量表及加压泵等（图3-19）。

图 3-19　水肥一体化首部系统

（二）施肥系统

包括施肥池（罐、桶）、混肥泵、搅拌器、输水管道和施肥装置等。分散经营的地块可以选用施肥罐（桶），占地少、易清理；种田大户一般用施肥池，容积为4~5 米³，能够满足大约一天的用肥量，可避免频繁添加肥料。施肥装置主要有文丘里施肥器、压差式施肥罐或注肥泵等（图3-20）。

图 3-20　水肥一体化施肥（药）罐

（三）施药系统

主要借助于施肥系统进行农药输送。分散经营的地块和种田大户根据自己需要施用农药的量，选用合适的施药容器。

（四）配套系统

首先是水质好的水源，如井、水库、池塘、蓄水池等；其次是田间要有地面灌溉系统，干管、支管和滴灌带等（图 3-21）。

图 3-21　大棚马铃薯膜下滴灌

（五）智能控制系统

水肥一体化智能灌溉系统利用物联网技术、高精度的土壤墒情传感器及智能自动小型气象站，远程在线采集土壤墒情、酸碱度、气象信息等，实现墒情（旱情）自动预报，灌溉用水量智能决策，远程、自动控制灌溉设备等功能。通常该系统会设计有手动、自动两种模式。

四　水肥药一体化系统的运行

（一）肥料、农药的溶解

一般固态肥料需要用水溶解，混合搅拌成肥料溶液。如果杂质较多，

需将其滤除,取清液使用。选用液态肥料时,直接对水稀释混匀即可。农药一般选择水溶性农药或悬浮剂,对水稀释混匀即可。

(二)施肥、施药量控制

施肥、施药时,必须准确掌握剂量。注入肥液的适宜浓度约为灌溉水量的 0.1%。例如,灌溉水量为 20 米³,每亩注入肥液大约为 20 升。每次灌溉的施肥量应符合施肥方案要求,过量施肥可能导致作物受害以及环境污染。农药的用量和浓度要参照农药的使用说明。

(三)灌溉施肥、施药程序

一般分 3 个阶段:第 1 个阶段,用不含肥料或农药的清水灌溉 20 分钟以上,湿润灌溉系统;第 2 个阶段,在灌溉水中加入适宜浓度的肥料或农药溶液继续灌溉;第 3 个阶段,灌溉结束前,用不含肥料或农药的清水再灌溉 20 分钟以上,以便清洗灌溉系统,促田间肥料或农药渗入土层。

(四)系统维护

主要是管道清洗和设施维护。由于水源和肥料中含有泥沙等杂物,设备在运行一段时间后,过滤器底部沉淀物易堵塞管道,可根据实际情况及时清洗过滤器。每个灌溉周期结束前,应仔细检查系统各部位,如发现跑、冒、滴、漏要及时维修,如有部件破损老化和存在安全隐患必须更换,以保障系统良好运行。

五 马铃薯水肥药一体化生产配套技术

目前,马铃薯水肥药一体化技术以露地地膜覆盖马铃薯和大棚设施马铃薯膜下滴灌施肥、施药模式为主。为挖掘马铃薯生产潜能,充分发挥节水、节肥、节药优势,可应用生态调控、选育优良品种、脱毒种薯、病虫害绿色防控、膜下滴灌、土壤消毒、全程机械化生产等新技术,作为水肥药一体化技术实施的配套技术,从而有效改善马铃薯品质,提高产量,提高经济效益(图 3-22)。

图 3-22　界首大棚马铃薯机械化播种铺设滴灌带

六　马铃薯水肥药一体化管理技术

(一)水肥一体化管理技术

马铃薯生育期较短,采用水肥一体化管理技术,通常基肥和追肥用量的比例设计为 1:1。目标产量 2 500~3 000 千克/亩,结合耕地、整地,基肥每亩施入商品有机肥 280~320 千克、硫酸锌 1.2 千克、硼酸 1 千克和复合肥(15-10-23)50~60 千克。不同时期的具体灌溉用水量和施肥量如下。

1.发芽期

马铃薯播种后至出苗,土壤相对湿度保持在 55%~65%。土壤含水量低于 45% 时,灌水为 8~12 立方米,土壤湿润深度控制在 15~17 厘米。

2.幼苗期

出苗后 20~25 天,匍匐茎开始发生,土壤相对湿度以 65%~70% 为宜。此生育期结合灌水,每亩追水溶性肥料(30-10-10+TE)4~6 千克,用灌溉水稀释 200 倍后使用,每次用水量为 10 米³/亩。根据土壤墒情和苗势适时灌水,每次灌水量为 8~12 米³/亩,使土壤湿润深度为 30 厘米。

3.块茎形成期

一般历时 20 天,要求土壤相对湿度保持在 75%左右,每亩追水溶性肥料(16-6-30+TE)9~11 千克。根据土壤墒情和苗势适时灌水,每次灌水量为 12~15 米³/亩,使土壤湿润深度为 40 厘米。

4.块茎膨大期

要求土壤相对湿度保持在 75%~80%,每亩追水溶性肥料(16-6-30+TE)9~11 千克。根据土壤墒情和苗势适时灌水,每次灌水量为 15~20 米³/亩,使土壤湿润深度为 40 厘米。马铃薯收获前 7 天停止灌溉。

(二)水药一体化管理技术

相比传统开放施药方式,用滴灌系统施药不会有药剂暴露在外的情况,对环境友好,对工人也更安全。另外,滴灌施药有较高的灵活性,比如,滴灌可以在任何时间为作物施药,不受天气和作物封垄等因素的限制,并且药剂用量比喷施用量更少。

1.地下害虫水药一体化防控

地下害虫有蝼蛄、蛴螬、金针虫等,除播种时施药外,在马铃薯生长期可以用 8%呋虫胺悬浮剂 400~500 克/亩或 40%氯虫·噻虫胺悬浮剂 40~60 毫升/亩,通过滴灌系统施药防治。

2.土传病害水药一体化防控

黑胫病、青枯病可用 6%春雷霉素可湿性粉剂 50~60 克/亩或 20%噻菌铜悬浮剂 120~150 毫升/亩,通过滴灌系统施药防治。

▶ 第六节　马铃薯全程机械化生产技术

马铃薯传统人工栽培,工序复杂、劳动强度大、用工成本高,不利于规模化生产。在马铃薯全程机械化生产中,以机械化播种和机械化收获技术为主体技术,配套机械化耕整地、种薯处理、机械化上土和培土、机械植保和机械杀秧技术等,达到减少工序、降低劳动强度、提高生产效率的目的。同时,集成应用优质脱毒种薯、水肥一体化管理和设施大棚温湿度调控、病虫害综合防控技术,从而优化马铃薯生产技术和栽培模式,实现马铃薯绿色轻简、优质、高效生产。

马铃薯全程机械化生产要结合土壤质地、地形地势、田块大小、种植规模、栽培模式以及机械作业手自身状况,选择适宜的机械。

一 机械化耕整地

用地宜选择平缓开阔、土质疏松的地块,避免使用洼地、涝湿地。机械化耕整能改善土壤结构,为播种和薯苗生长创造良好的土壤环境条件。耕地作业包括翻土、松土、碎土、掩埋杂草等。整地作业是指耕后播前对表层土壤进行的松碎、平整、镇压、开沟、作畦、起垄等作业。耕整地可单项顺序作业,也可采用联合作业机具一次性完成多项作业,提高作业效率,降低生产成本。

(一)作业要求

作业方式主要有铧式犁犁耕、旋耕机旋耕和起垄(培土)机起垄等。

1.犁耕

要求耕深一致、耕层绵软,不漏耕、不重耕,地头地边处理合理。耕深20~25厘米,耕深稳定性变异系数≤10%,植被覆盖率≥80%,碎土率≥65%,耕后地表高差≤6厘米,垄脊高≤7厘米,垄沟深≤10厘米。要求翻垡良好,无立垡、回垡,翻盖严密,地面杂草、肥料、残茬充分埋入土壤底层。在条件允许的情况下,应尽量用铧式犁等机械深耕,做到25~30厘米耕深。

2.旋耕

要求土块细碎均匀,无夹石、杂草,无沟无垄;土块直径≤4厘米,耕深12~16厘米,碎土率≥75%,耕后地表高差≤5厘米,耕深稳定性变异系数≤15%,灭茬合格率≥80%,漏耙率≤1%。

3.起垄

要求垄体成形、饱满、流畅,垄高、垄宽一致。一般垄高保持15~20厘米,单行垄宽40~45厘米、垄距60厘米,双行垄宽75~80厘米、垄距110~120厘米。垄高、垄宽误差≤4厘米,合格率≥75%;垄间距合格率≥75%,垄长线性偏差≤12厘米。

(二)机具推荐

拖拉机(22千瓦以上)配套的铧式犁、圆盘犁、深松机、耕耘机、旋耕机、动力耙、联合整地机、起垄机、培土机、开沟机。

二 种薯处理

(一)作业要求

种薯每块以重30~50克为宜,大个种薯块应切块,以纵切为主;种块块径2~3厘米,重35~45克,每个切块应保证2个以上芽眼,尽量使每一块都带有顶芽或块茎上部的芽;切刀用0.3%高锰酸钾、40%甲醛或75%乙醇消毒防病。切到病烂薯应剔除,并将切刀消毒;切好的薯块要及时用药剂拌种或包衣,并进行摊晾备用。

(二)机具推荐

马铃薯薯种切块机。

三 机械化播种

(一)作业要求

1.机械化联合播种

要求株距合格率≥80%,空穴率≤3%,行距合格率≥90%,施肥断条率≤3厘米,种薯破损率≤2%。

2.半机械化(分段式)播种

要求株距合格率≥75%,漏播率≤1%,行距合格率≥80%,施肥断条率≤1厘米,种薯无破损。两种播种方式均要求开沟成形、深浅一致;施肥准确、均匀;播种不漏播、不重播;覆盖均匀严实;垄体要求光、圆、实、直。播种深度8~10厘米,种肥间隔3厘米左右,覆土15~20厘米。双行垄作采用宽窄行,株、行距可按农艺要求调整。

安徽大棚设施马铃薯栽培,须选用适宜大棚操作的一体化播种机,如洪珠2厘米-2C型马铃薯播种机,以40千瓦大棚王拖拉机为动力,可一次性完成开播种沟、施种肥、下种、起垄、铺滴灌带、喷封闭除草剂、覆盖地膜等全套播种工序。播种机种植时,播种机技术参数设置为垄宽80厘米,播种深度10厘米,行距25厘米左右,株距24~27厘米。

(二)机具推荐

联合播种采用单垄单行、大垄双行播种机;分段播种采用田园管理机开沟、起垄、覆土(图3-23)。

图 3-23　马铃薯单垄和双垄播种机

四　机械化田间管理

(一) 中耕

1.作业要求

中耕松土深度、培土高度及厚度要视具体情况按农艺要求进行,中耕要做到不伤苗、不铲苗、不伤垄,土壤疏松细碎,垄沟窄、垄顶宽。对于垄作,要求垄帮、垄顶都要有一定的厚土层。对于平作,薯苗周围应适量覆土,一般在薯苗出齐后进行 1 次中耕,应锄尽杂草,适量培土,将垄沟土覆于垄顶,覆土 3 厘米左右;发棵期(幼苗长到 20 厘米以上)再进行 1~2 次中耕,要锄尽杂草,适量追肥,大量向苗根培土,培土厚度 5~6 厘米。覆盖地膜的冬马铃薯和早春马铃薯,在马铃薯刚出苗(薯芽长到 5~10 厘米)未顶破地膜前,应使用上土机覆盖一层 2~3 厘米厚的壤土(垄面不见膜即可)。

2.机具推荐

拖拉机配套的上土机、培土机或田园管理机(图 3-24)。

图 3-24 多功能田园管理机膜上覆土

（二）病虫害防治

1.作业要求

作业时喷头与薯苗距离保持 40~50 厘米，做到雾化良好，喷量均匀，不漏喷、不重喷，药液覆盖率≥95%，杀虫率≥90%。

2.机具推荐

喷雾机、植保无人驾驶航空器。

五 机械化收获

（一）作业要求

1.收获方式

马铃薯机械化收获作业有侧铺条式、后铺放式和联合收获三大类。侧铺条式是把薯块从侧面铺放成条，便于机器作业和捡拾，比较适宜于垄作。后铺放式是把薯块置于机器后部，优点是机器结构简单，平作、垄作都能作业；缺点是薯块散乱，不易捡拾，易被辗伤。联合收获能一次性完成挖掘、筛分、收集、分选、装运等作业，适合薯田平缓、宽阔、规模化种植的马铃薯机收。

2.杀秧要求

种植中晚熟品种的冬作马铃薯和海拔较低的春作马铃薯,收获前6~10天应进行杀秧(或扎秧)处理,待气候好,土壤水分适中(不大于20%),机械作业不壅土、裹土、缠草时进行收获作业;对于安徽等中原二季作区早熟型马铃薯品种种植区,收获时综合考虑气候、市场及薯块生长情况,提前3~5天杀秧(或扎秧);杀秧(或扎秧)可用杀秧机(扎秧机)、割草机等作业。海拔高、气温低的薯区,春马铃薯收获季节较晚,时间长,可待80%以上的茎叶萎蔫腐烂后进行收获作业,不需要割秧、扎秧。但杂草较多时,也要用杀秧机(灭秧机)或割草机清除杂草,以利于收获作业(图3-25)。

图 3-25 马铃薯杀秧机

3.收获要求

马铃薯挖掘深度一般要求15~20厘米;挖幅有50~60厘米、70~80厘米、100~150厘米不等,视地形、种植情况和机具而定;作业速度3~4千米/小时;挖净率≥96%,明薯率≥95%,伤薯率≤5%。

安徽大棚设施栽培马铃薯,当植株大部分茎叶由绿转黄,块茎很容易与匍匐茎分离时,为最佳收获时期。三膜覆盖马铃薯4月中旬前后、双膜覆盖马铃薯 4 月中旬至 5 月初即可收获上市。采用适合大棚操作的马铃薯收获机,如洪珠 4U-83 型马铃薯播种机,可一次性完成马铃薯块茎挖掘和薯土分离,使马铃薯块茎平摊在垄面上。收获时块茎用马铃薯秧遮阴,避免薯块受阳光曝晒。边收获边进行分等分级,剔除病薯,分别包装运输上市或贮藏。

(二)机具推荐

杀秧采用杀(扎)秧机、秸秆还田粉碎机、割晒机;收获采用薯类收获机(图 3-26、图 3-27)。

图 3-26　四轮拖拉机为动力的马铃薯收获机

图 3-27　手扶拖拉机为动力的马铃薯收获机

▶ 第七节　马铃薯间作套种技术

在一块地上将某一种作物与其他几种作物按照一定的行距、株距和占地的宽窄比例种植的方式叫间作套种。间作是将两种或两种以上生育季节相近的作物在同一块田地上同时或同季节成行或成带地相间种植方式。套种是在同一块田地上于前季作物的生育后期在其株行间播种或移栽后一季作物的种植方式。间作套种由于从平面、时间上多层次利用了空间，也称立体种植，是农业上的一项重要增产增收措施。

在安徽等中原二季作区，早熟马铃薯出苗至收获只有 70 天左右，春季马铃薯播种时间为 12 月下旬至 2 月初，此期正值冬季，如果适当采取保护措施，马铃薯在 4 月下旬至 5 月初即可上市。此期，许多春茬作物在马铃薯收获时仍处于苗期，有的果树、经济作物刚发芽。为充分利用土地资源和光热资源，采用马铃薯与其他粮、棉、菜、瓜类、果树等作物进行间作套种，是一种增产增效的非常好的方法。

一　间作套种的优点及经济效益

（一）增加复种指数，提高经济效益

马铃薯与其他作物进行间套种，可变一年一收为一年两收或变一年两收为一年三收甚至四收，从而大大提高单位土地面积的经济效益。

（二）充分利用自然资源，提高土地利用率

间作套种可以充分利用土地资源和光热资源。间作套种的作物之间播种和收获时间不同，因而可以提早或延长土地及光能的利用。例如，利用马铃薯冬季播种、生育期短的特点，在大棚葡萄和露地果树行间套种马铃薯，都可以取得很好的经济效益。

(三)延缓病虫害发生,减轻危害程度

据观察,马铃薯与棉花套种时,可推迟棉蚜发生期;和玉米套种时,马铃薯块茎的地下害虫咬食率下降 76% 左右;由于根系对细菌侵染的屏障作用,可使马铃薯细菌性枯萎病的感染率由单作的 8.8% 下降到 2.1%~4.4%。

二 间作套种技术要求

(一)合理选择间套作物

在安排马铃薯的间作套种时,首先应注意作物合理搭配。用于间套的作物与马铃薯之间互不影响,既能充分利用土地,又尽可能避免作物之间相互争光;要便于马铃薯培土和田间管理,以达到最大的增产效果。

(二)合理安排田间布局

田间布局是指几种作物在地面空间的分布。空间的安排应使作物之间争光的矛盾降到最低,而单位面积上对光能的利用率则达到最高;要便于马铃薯中耕培土和田间管理,减少作物之间对水、肥需求的矛盾;要保证主导作物的种植密度与单作时相当;要保证田间通风透光。

(三)合理利用马铃薯的优势

马铃薯与田间主要作物间作套种时,要选用早熟、高产、株型矮的马铃薯品种;要提早催芽、催大芽播种,以促进生育进程;要采用地膜覆盖或小拱棚覆盖栽培;必要时须喷施植物生长调节剂,如矮壮素、烯效唑等,以控制植株长势。

三 间作套种模式

安徽各地基于马铃薯作物的间作套种模式主要如下。

(一)马铃薯—玉米—秋马铃薯

该模式以 80 厘米为一种植带,在带内起垄种 2 行马铃薯,小行距

15 厘米,株距 30 厘米。垄沟内种 1 行玉米(图 3-28)。春薯收获后,平整垄沟,秋季播种 1 行马铃薯,密度与春季相同。

马铃薯选用早熟、优质品种,玉米选用穗大、单株产量高的品种。亩施优质土杂肥 5 000 千克、硫酸钾复合肥 50 千克。马铃薯于 1 月下旬至 2 月初播种,地膜覆盖栽培。玉米于 4 月下旬在马铃薯沟内播种,株距 20 厘米。秋马铃薯于 7 月下旬催芽,玉米行间亩施土杂肥 2 500 千克、复合肥 40 千克,于 8 月下旬播种。

玉米田间管理以追肥及治虫为主。追肥包括苗肥、攻穗肥和攻粒肥 3 次,追肥量分别占总量的 40%、50% 和 10%。追肥后应酌情浇水。苗期要防治钻心虫和蓟马,穗期注意防治玉米螟。每亩可用 1.5% 辛硫磷 0.25~0.50 千克拌细沙 7.5 千克,撒进玉米叶心(喇叭口),花期、粒期还要防治玉米蚜。

图 3-28 马铃薯套种玉米

(二)马铃薯—芋头

该模式仍以 80 厘米为一种植带,带内马铃薯采用单垄双行种植方式,小行距 15 厘米,株距 25 厘米。在马铃薯垄沟内种植 1 行芋头,株距 20 厘米。

马铃薯选用早熟、生长势中等的品种,芋头选用当地优良地方品种。整地时,亩施优质土杂肥 5 000 千克左右作基肥;播种时,亩施硫酸钾复合肥 50 千克作种肥。马铃薯于 1 月下旬至 2 月初播种,起垄后覆盖地膜;芋头于 3 月上旬催芽(催芽温度为 18~22 ℃),芽长 0.5~1.0 厘米时于 4 月初播种。为防止地下害虫危害,播种时每亩用辛硫磷 1.5 千克拌细土杀死地下害虫。

马铃薯田间管理与前述相同,芋头主要做好浇水和病虫害防治,在整个生长期要保持土壤湿润(后期注意减少浇水次数),芋头的主要病虫害是疫病、蚜虫和红蜘蛛。马铃薯于 5 月初前后收获,收获后及时给芋头培土,芋头于霜降前后收获。

(三)马铃薯—西瓜

从地里一侧先预留 50 厘米种植带栽种 1 行西瓜。然后按 3.4 米的种植带,靠近一边播种 3 垄马铃薯,垄宽 80 厘米,每垄种植 2 行马铃薯,株距 25 厘米,行距 15 厘米,每亩种植 4 500 株;在剩余的 1 米宽的条带内,种植 2 行西瓜,西瓜小行距 40 厘米,株距 55 厘米,每亩种植 800 株(图 3-29)。

马铃薯播种前整地施足基肥。在西瓜种植带内整西瓜种植畦,按种植要求施足基肥。

马铃薯选用早熟品种,于 1 月下旬前后播种,采用小拱棚加地膜覆盖早熟栽培技术。西瓜采用嫁接苗,于 4 月中旬前后定植。

马铃薯收获后,及时开沟将薯秧埋入沟内,平整土地,为西瓜生长做好准备。西瓜伸蔓后,两行西瓜交叉爬蔓。即左边一行的瓜蔓向右爬,右边一行的瓜蔓向左爬。压蔓时,可先将瓜蔓绕根盘一圈并压好,再进行理蔓、压蔓。分别于苗期、甩蔓期和膨瓜期各追肥 1 次。

图 3-29　大棚马铃薯套种西瓜

(四)马铃薯—棉花

播种时按 170 厘米的幅宽划出播种带,靠一边播种 2 行马铃薯,行距 60 厘米,株距 20 厘米,每亩播种 3 900 株;另一边播种 2 行棉花,行距 40厘米,株距 18 厘米,每亩 4 200 株。

为缩短薯棉共生期,马铃薯应适当早播。地膜覆盖栽培时,于 1 月下旬至 2 月初播种。地膜覆盖棉花于 3 月下旬播种。马铃薯出苗后及时培土,播种棉花前再培土 1 次;马铃薯收获后,及时将茎叶压入土中作绿肥,同时给棉花培土,并进行植株调整。

(五)马铃薯—耐寒速生蔬菜

耐寒蔬菜如小白菜、小春萝卜、菠菜等,播种后 40~50 天即可收获,因此非常适合与春马铃薯进行间作。操作方法如下:

①按 90 厘米幅宽播种 1 行马铃薯,垄宽 60 厘米,株距 20 厘米,每亩播种 3 700 株。在两垄马铃薯间整成平畦,播种 3 行小白菜或菠菜等,行距 15 厘米。

②马铃薯于 1 月下旬至 2 月初播种,地膜覆盖起垄栽培,小白菜、小葱、萝卜等可于 3 月上中旬播种,菠菜可以与马铃薯同时播种。

③蔬菜收获后,及时给马铃薯培土,然后将菜畦施肥整平,定植 1 行茄子,株距 40 厘米,每亩定植 1 850 株。

(六)马铃薯—甘蓝或花椰菜

春马铃薯和秋马铃薯都可采用这种模式,该模式主要以马铃薯垄作为甘蓝或花椰菜的栽培畦。栽培措施如下:

①甘蓝和花椰菜要提前育苗。与春马铃薯间作套种时,甘蓝和花椰菜的育苗苗龄为 70~80 天。因此,育苗时间应在 1 月初。与秋马铃薯间作套种时,甘蓝与花椰菜的育苗时间较短,约为 25 天,一般可于 8 月初育苗。春马铃薯于 1 月下旬至 2 月初播种。

②于马铃薯播种前整地并施足基肥。播种时按 160 厘米划区,区内种植 1 行马铃薯、3 行甘蓝或花椰菜。马铃薯垄宽 60 厘米,株距 18 厘米,每亩种植约 2 300 株;甘蓝或花椰菜行距 45 厘米,每亩种植 2 800 株。

③春马铃薯于 1 月下旬至 2 月初播种,施足基肥,一次性培好垄。于 3 月初定植甘蓝,并进行地膜覆盖。甘蓝在浇足定根水的情况下,缓苗前一般不再浇水。秋马铃薯于 8 月下旬播种,播种时要避开连续阴雨天,避免烂种。播种完马铃薯后定植甘蓝或花椰菜。

(七)薯—粮—菜间作套种

该模式可以一年 4 种 4 收或 5 种 5 收。安徽皖北地区和山东有些地方称之为"两菜一粮",具体做法如下:

①按 160 厘米种植带,春季种植 2 行马铃薯、1 行春玉米。马铃薯收获后及时整地,播种夏白菜。白菜和玉米收获后,整地栽植甘蓝或花椰菜,与秋马铃薯间作,达到一年 5 种 5 收。

②马铃薯于 1 月下旬至 2 月初起垄播种并覆盖地膜,行距 65 厘米,株距 20 厘米,每亩种植 4 100 株。玉米于 4 月中旬前后播种,株距 30 厘米,每亩种植 2 100 株。马铃薯收获后,播种 4 行夏白菜,行距 40 厘米,株距

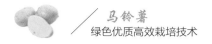

35 厘米,每亩种植 4 700 株。

③夏白菜和春玉米于 8 月初收获。施足基肥整地,播种秋马铃薯并定植秋甘蓝或花椰菜。

(八)马铃薯—果树套种

果树行间距较大,春季发芽和抽生新枝叶较迟,因此,幼龄果树行间或株间非常适宜套种早春马铃薯。在安徽非常适宜与马铃薯进行套种的果树有葡萄、碧根果(图3-30),以及桃、梨、苹果等采用篱架式整枝的其他果树。通过套种能够充分利用土地资源和光照资源,也可以获得很好的经济效益。

根据果树行间距离,种植一垄或多垄马铃薯,地膜覆盖马铃薯于 1 月下旬至 2 月初播种,小拱棚覆盖栽培于 12 月下旬至 1 月初播种。

图 3-30　碧根果套种春马铃薯、葡萄套种秋马铃薯

▶ 第八节　大棚马铃薯周年高效栽培模式

马铃薯作物性喜冷凉,早熟品种生育期短,收获期弹性较大。在安徽利用大棚马铃薯冬季播种、早春收获腾茬早的季节优势,开展"大棚马铃薯+"的周年多熟制高效栽培模式,促进农业增产增收。

一 工厂化育秧大棚

栽培模式:

马铃薯—水稻育秧—夏豇豆—秋延黄瓜,周年4种4收。

茬口安排:

①大棚马铃薯二膜或三膜栽培:12月中下旬播种,4中下旬收获;

②水稻育秧:4月下旬陆续播种,5月下旬陆续移栽;

③夏豇豆栽培:6月播种,8月下旬收获结束;

④秋延迟黄瓜栽培:8月育苗,9月上旬移栽,11月收获结束。

二 蔬菜大棚

(一)栽培模式一

大棚春早熟马铃薯—大棚丝瓜—秋大白菜,周年3种3收。

茬口安排:

①大棚马铃薯二膜或三膜栽培:12月中旬播种,4月中下旬收获;

②大棚丝瓜栽培:1月下旬电热线育苗,3月上旬套种于马铃薯棚两侧,4月中旬始收获,7—8月收获结束;

③秋大白菜栽培:8月上旬营养钵或穴盘育苗,8月下旬定植,11月中旬收获。

(二)栽培模式二

大棚马铃薯—夏黄瓜—秋延番茄,周年3种3收。

茬口安排:

①大棚马铃薯二膜或三膜栽培:12月中旬播种,4月中下旬收获;

②夏黄瓜栽培:4月上旬育苗,4月下旬移栽,8月上旬结束;

③秋延番茄栽培:7月播种育苗,8月上旬移栽,9月始收获,11月中下旬结束。

(三)栽培模式三

大棚马铃薯—夏西瓜—秋延番茄,周年3种3收。

茬口安排:

①大棚马铃薯二膜或三膜栽培:12月中旬播种,4月中下旬收获;

②夏西瓜栽培:3月中旬保护地育苗,4月下旬移栽,7月下旬结束;

③秋延番茄栽培:7月播种育苗,8月上旬移栽,9月始收获,11月中下旬结束。

(四)栽培模式四

大棚马铃薯—夏冬瓜—秋甘蓝,周年3种3收。

茬口安排:

①大棚马铃薯二膜或三膜栽培:12月中旬播种,4月中下旬收获;

②冬瓜栽培:2月下旬保护地育苗,4月中旬移栽,9月初收获;

③秋甘蓝栽培:8月穴盘育苗,9月中旬定植,10月中下旬收获。

▶ 第九节 马铃薯稻草覆盖栽培技术

马铃薯稻草覆盖栽培技术是在水稻收获后,稻田旋耕,直接开沟成畦,将种薯摆放在畦面上,配合适当的施肥与管理措施,直至收获鲜薯。该技术省去了传统种植马铃薯需要翻耕土地、开沟整畦、开穴下种、盖膜破膜、中耕除草、追肥培土和挖薯等复杂工序。马铃薯稻草栽培产量与传统栽培方式的产量相当,同时由于生长条件改善,马铃薯病虫害发生轻,薯块整齐,表面光滑鲜嫩,破损率低,商品价值高。马铃薯收获后,接着种植水稻,水旱轮作,可极大地减轻病虫害的发生。

在安徽等水稻种植区,大力推广"水稻+马铃薯"种植模式,推广马铃薯稻草覆盖栽培技术,有利于节省农业生产成本,提高马铃薯的商品性,增加农民的收入。同时,解决了稻草在田间焚烧所带来的污染,保护了生态环境,有利于稻草资源综合利用和秸秆还田,促进了农业可持续发展。具体栽培技术要点如下。

一 品种选择

应选用结薯早、块茎膨大快、休眠期短、高产、优质、抗病的早熟品种和脱毒种薯。

二 种薯处理

种薯切块及时消毒处理,同常规马铃薯种植。

三 选地整地

(一)选地

马铃薯稻草覆盖栽培应选择涝能排、旱能灌,中等肥力以上的稻田或旱地,切忌在易干旱岗地或涝洼地种植。前茬水稻收获后最好将稻茬田旋耕一遍,进行土壤疏松,便于马铃薯生根。

(二)施底肥

底肥以有机肥为主、无机肥为辅,马铃薯一般底肥施用量占施肥总量的70%。底肥亩施经无害化处理的农家肥 3 000 千克和45%硫酸钾复合肥60 千克。底肥施肥在播种前采取全田撒施的方法进行。

(三)做畦

水稻田种马铃薯要做好开沟防涝工作。按照沟宽 20~30 厘米、沟深25 厘米、畦面宽 1.2 米的规格做畦。用开沟上土机开沟,沟土平摊在畦面中部,做成中间略高、两边略低的龟背形。

四 播种

(一)播种时间

江淮地区稻草覆盖马铃薯播种时间为2月上旬,过早容易遭受冻害,过迟影响产量;催大芽播种可以推迟到2月中旬。

(二)播种密度

稻草覆盖马铃薯采用宽畦播种,每亩播种5 000株左右。

(三)播种方法

采用宽畦多行种植,畦宽120厘米,沟宽25厘米,每畦播4行,种薯距离畦边不少于15厘米,株距25厘米。种薯摆放时,将种薯切块芽眼向下摆放在畦面上,稍微压一下,使芽眼与土壤接触。

(四)稻草覆盖

盖草前先用少量的沟土覆盖种薯,利于出苗。盖草厚度为8~10厘米,太厚不利于出苗,太薄则容易形成绿薯,影响品质与产量。一般3亩稻草可以覆盖1亩马铃薯。盖草后进行清沟,将泥土均匀压在稻草上,再浇透水,以防稻草被风刮跑。

用稻草覆盖后一般不盖地膜,以防畦内过分干燥影响出苗。播种过早的马铃薯覆盖稻草后,若需要加盖地膜防寒,在寒潮过后也要立即将地膜揭去。稻草要覆盖严实,以免形成青薯,影响品质与产量(图3–31、图3–32)。

图3–31　马铃薯不同稻草覆盖栽培模式出苗情况

图 3-32 马铃薯稻草覆盖栽培田间生长情况

五 田间管理

（一）出苗前管理

播后管理比较简单,如遇干旱、土壤墒情差影响出苗,可采用喷洒或沟灌的方法,使畦面保持较好墒情,利于马铃薯出苗生长。如遇雨天,要及时排水,防止积水烂薯。

（二）出苗后管理

春季多雨,注意清沟理墒。如遇干旱,采用浇水或沟灌、渗灌的方法进行抗旱。要早追肥,增施钾肥。前期追肥以氮肥为主,以促进幼苗生长;后期要增施钾肥,以促进薯块膨大。第一次追肥在出苗 70% 时施提苗肥,亩用复合肥 5 千克、尿素 3~4 千克;第二次在 6~8 叶期施发棵肥,亩用复合肥 7.5 千克,尿素、硫酸钾或氯酸钾各 3~4 千克;第三次施壮棵、膨大肥,亩施复合肥 8~10 千克、氯酸钾或硫酸钾 5 千克。每次追肥每亩对水 1 500~2 000 千克淋施。同时在追肥后可用 0.2% 云大 120 加 0.3% 磷酸二氢钾溶液根外喷施 1~2 次叶面肥,以调节植株生长。

六 适时收获

利用稻草覆盖种植马铃薯,70%的块茎都生长在地面上,块茎很少入土,收获时,只要将稻草拨开,摘取马铃薯即可,非常方便,省工省力。春马铃薯在正常情况下,5月上中旬待中下部叶片开始发黄时,选晴天收获,扒开稻草摘取马铃薯,去净泥土,套袋装箱,运输贮藏注意遮光。可以根据需要,一次性收完或分批收获。如分批收获,可先拣大薯块,留下小薯块。由于未伤及马铃薯根系,只要盖上稻草,小薯块可以继续生长。这样既能选择最佳薯形及时上市,又能提高产量和种植效益(图3-33)。

图3-33 马铃薯稻草覆盖栽培结薯情况

第四章 马铃薯避灾减灾生产技术

▶ 第一节 霜冻预防及灾后管理技术

马铃薯虽然性喜冷凉环境,但是不耐霜冻,一般气温 0~2 ℃时,马铃薯地上部分易受冻,叶片和茎秆组织出现水浸状损伤,继而枯死。中原二季作区,春季马铃薯一般在冬季播种,发芽期和幼苗期往往处于冬春季过渡季节,极易受到倒春寒引起的霜冻危害,给马铃薯生产造成影响。

冻害对马铃薯不同发育阶段的影响不同。马铃薯苗期遭遇霜冻,幼苗耐寒性较差,往往直接枯萎死亡。但是马铃薯的生命力非常顽强,地上部分死亡之后,地下的主茎和根部依然是存活的状态。在霜冻过后气候适宜的情况下,主茎会重新发出新的芽继续生长。因此,马铃薯苗期遭遇霜冻之后,无须太担心,只需要采用合理的措施进行补救,依然可以获得比较好的经济效益。但马铃薯块茎形成期遭遇冻害将严重影响产量,甚至绝收。因此,春季马铃薯生产必须做好霜冻预防和灾后田间管理。

一 科学组织生产

(一)选用耐寒或早熟品种

针对中原地区设施和露地马铃薯早春易遭遇霜冻和倒春寒危害的特点,应选用耐冻或早熟品种,满足马铃薯正常播种和收获的需要,避免误选品种延迟成熟和上市。

（二）合理安排播期

采用大棚设施栽培的，依据设施保温情况，合理安排播期，避免盲目提早，以保证马铃薯出苗后，幼苗能够在设施条件的庇护下免受霜冻危害。露地栽培的，要根据当地多年终霜期时间来倒推马铃薯合理播期，科学避灾，降低冻害发生风险。

（三）培育壮苗

马铃薯出苗以后，要加强温度和肥水管理。可采取通风降温、增施磷钾肥等措施，防止马铃薯徒长，培育壮苗，使植株矮化、叶厚茎粗、叶色加深，增强抗寒力，同时可促进地下部生长，加速块茎膨大，提高产量（图4-1）。

图4-1　受霜冻危害的马铃薯植株及田块

二　霜冻灾前应急措施

马铃薯苗期，注意收听、收看天气预报，在低温霜冻来临前，做好冻害预防。

（一）喷水防霜

霜冻、冰冻发生期间，夜间利用喷管带、喷灌圈、微喷设施、远程风炮等喷水、喷雾防霜。不具备喷水防霜条件的，可在低温来临前1天在垄沟灌水2/3，利用水的比热提高田间温度。低温过后立即排水，以免造成渍害。

（二）覆盖防寒

在霜冻或冻害发生前，用农膜、稻草、彩条布、草帘、席子、麻袋等遮盖物覆盖在马铃薯幼苗上，或搭建小拱棚，用双膜或三膜覆盖，以保温、抗冻、防霜，避免或减轻霜冻、冰冻危害。

（三）施肥抗冻

霜冻、冰冻发生前不施速效氮肥，而是施用磷钾肥。用农家肥等热性肥料覆盖茎基部，叶面喷施磷酸二氢钾、氨基酸等叶面肥，或喷施"天达2116"等植物防冻剂，或施用复合生物菌肥，可增强马铃薯抗寒能力。

（四）覆土防霜

施用热性肥料后及时加深畦沟和四周排水沟，把沟土均匀覆盖在畦面或地膜面上。用稻草覆盖的地块，要在稻草面上均匀覆盖一层薄土。

三 霜冻灾后管理

（一）淋水除霜

霜冻发生后的早上，在太阳出来前，及时淋水，或用0.2%磷酸二氢钾水溶液对叶片进行喷雾除霜，不仅可以补充磷、钾元素，促进马铃薯受伤组织的恢复，还可以减轻霜冻的危害。这项工作要在自然化霜之前进行，在阳光照射之下化霜，会使马铃薯叶片冷热变化过大，从而加重霜冻的危害。

（二）剪苗促长

受灾后，根据冻伤的不同情况，及时剪去幼苗枯死的地上部分，促进植株再次生长。

（三）浇水提地温

对已冻伤但主茎没有死亡的田块，应及时灌半沟水并淋湿畦面，并每亩地追施10~15千克尿素，尿素可以随水冲施。

(四)追肥促长

霜冻发生后,要及时追肥确保养分供应,以施水肥为主。在恢复生长时用尿素 150 克、磷酸二氢钾 200 克、红糖 250 克对水 50 千克进行叶面喷施,或者直接喷施氨基酸等叶面肥。肥料严重不足的,每亩追施复合肥 10~15 千克,或用其他水肥淋施。

(五)预防病害

对受灾较轻、生长正常的田块,应加强管理,防止灾后病害发生。一般每亩用银法利 75 毫升(或克露 100 克,或 50%福帅得悬浮剂 20~30 克)+ 磷酸二氢钾 200 克 + 红糖(白糖)250 克对水 50~60 千克喷雾,每隔 1 周喷 1 次,连喷 2~3 次。

(六)间苗

当马铃薯新生茎叶基本齐苗的时候,要在田间进行巡视,对发出多棵幼苗的植株,留 1 个比较健壮的苗子,把其余苗子全部间除。这项工作非常关键,过多的幼苗在一起生长,不仅长势缓慢,而且每个幼苗都会结薯,造成结薯数量多但是个头很小,失去了商品价值。

(七)适时收获

确认植株已冻死且没有恢复生长能力的田块,待霜冻、冰冻过后 5~7 天,薯块表皮老化时收获上市。

(八)改种

对霜冻造成损失在 80%以上的地块,应及时进行补种或改种。

▶ 第二节 药害预防及灾后管理技术

马铃薯生产过程中,由于农药施用不规范,如随意加量、频繁用药、乱混农药等,致使每年的马铃薯均不同程度地产生药害。马铃薯药害现象的产生不仅会减产,而且对马铃薯的商品品质、营养品质以及食品安全都造成了威胁,严重影响了马铃薯生产的效益。因此,关注马铃薯科学、安全用药,减少药害,对马铃薯安全高效生产有着非常重要的意义。

一 常见马铃薯产生药害的症状

(一)缺苗型

种薯在地里不能发芽,或能发芽但在出苗前或出苗后枯死,造成缺苗断垄。

(二)斑点型

接触药剂部位形成斑点或药剂传导到的部位变褐形成药斑。药斑有褐斑、黄斑、枯斑、网斑几种。与生理性病斑的区别在于,前者在植株上的分布往往没有规律性,全田表现有轻有重,而后者通常普遍发生,植株出现症状的部位较一致。与真菌性病害也有所不同,前者斑点大小、形状变化大,而后者具有发病中心,斑点形状较一致。

(三)颜色变化型

植株组织未被破坏,但整株或部分组织颜色发生变化,如失绿白化、黄化、叶缘或沿叶脉变褐色、全叶变褐凋萎、叶色浓绿等。黄化表现在植株茎叶部位,以叶片发生较多。药害引起的黄化与营养元素缺乏引起的黄化相比,前者往往由黄叶发展成枯叶,发展快,后者常与土壤肥力和施肥水平有关,全田表现较一致,变化产生慢。与病毒引起的黄化相比,后者黄叶常有碎绿状表现,且病株表现系统性症状,病株与健株混生。

(四)形态异常

主要表现在作物茎叶和根部,常见的畸形有卷叶、厚叶、植株矮化、植株徒长、茎秆扭曲形成鸡爪状叶、叶片柳叶状、薯块深裂等,如马铃薯植

株受赤霉素药害,典型症状就是节间长、新叶变小(图4-2),

图 4-2 赤霉素拌种导致药害

(五)枯萎型

整株表现症状,如嫩茎、嫩叶枯萎,植株萎缩以致枯死。药害枯萎与侵染性病害引起的枯萎症状比较,前者没有发病中心,先黄化,后死株,根茎输导组织无褐变,后者多是根茎部疏导组织堵塞,在阳光充足、蒸发量大时,先萎蔫,后失绿死株,根基部导管变褐色。

二 药害产生的主要原因

药害的产生主要与农药质量、使用技术、作物和环境条件等因素有关。

(一)药剂原因

农药方面的原因:过量施药或不均匀施药,重复施药;农药混用不当,同时使用两种或两种以上药剂,农药间发生物理或化学变化,引起增毒;施药方法不当,某些农药采用药土法安全而喷雾法则容易产生接触性药害,某些除草剂采用超低容量喷雾作茎叶处理容易产生药害;药剂飘移,如麦田、玉米田喷雾 2,4- 二氯苯氧乙酸,会使邻近马铃薯产生药害;土壤残留,如前茬作物使用多效唑、莠去津、磺隆类除草剂等对马铃薯的影响;某些农药由于加入表面活性剂毒性升高而产生药害;有的农药微生物降解产物会造成作物药害;商品名称、容器、剂型、色泽类似药剂误用而产生药害。

(二)作物和环境因素

作物和环境因素造成药害的原因是:任意扩大药剂使用范围,产生药害;不同叶龄和生育期对农药敏感性有差异,施药时期不当,过早或过迟施药、苗弱施药,均会发生药害;环境条件不同会改变马铃薯对农药的敏感性,在不利于马铃薯生长条件下施药,如在沙质土上施药、将药直接洒在种薯上、喷药时极端高温或遇低温等恶劣气候条件均有可能产生药害。

三 药害预防和补救措施

(一)预防措施

1.农药和水的质量要好

乳油剂农药要求药液清亮透明,无絮状物,无沉淀,加入水中能自行分散,水面无浮油;粉剂农药要求不结块;可湿性粉剂农药要求加入水中能溶于水并均匀分散。稀释农药用水不能用有杂质的硬水。在使用农药时最好加入"柔水通",消除水中有害的盐类,避免不良水质分散农药,优化水质可充分发挥农药的药效。

2.配药浓度要适当

浓度过大是导致作物产生药害的主要原因之一,因此,配药时必须准确计算,严格称量,尤其是激素类农药更应如此。

3.药液要随配随用

药液配好以后不能长时间存放,会发生沉淀或出现有效成分分解的现象,防效会减弱,还容易产生药害。

4.施药次数要适当

施药过频也易引起作物药害。一种农药的施用次数一定要根据病虫危害频率及药剂的药效长短来决定,要因地因时制宜,灵活掌握,原则上保持在不超过作物的忍受力。

5.选择适宜的天气施药

大部分农药在气温高、阳光充足的条件下药性增强,而且此时马铃薯的新陈代谢加快,易产生药害,尤以毒性高、挥发性大、碱性强的农药表现最为明显。

6.注意马铃薯植株生长状况

耐药性差的马铃薯,一般都是生长衰弱以及遭受旱、涝、风等灾害的,对受害的马铃薯应减少喷药次数、降低喷药浓度。

7.注意农药混用的禁忌

许多农药之间混合使用以后可产生药害。比如,乳油剂和某些水溶性药剂,有机磷杀虫剂和碱性的波尔多液、松脂合剂,波尔多液和石硫合剂等。因此,禁止农药混合用。

8.施药质量要高

喷药要求均匀一致,不能把喷头太靠近植株,不能在植株的某个部位喷药太多。要针对不同的农药品种选择施药器械,如手持喷雾器、机动喷雾器、超低容量喷雾器等。还要根据药剂的性质选择恰当的施药方法,如涂茎、灌根、熏蒸、制毒饵等。

9.注意农药的残效期

有的农药,特别是土壤处理的农药残效期很长,因此,在播种马铃薯的时候要考虑上茬所用的农药种类、使用时间、使用浓度等，或在使用土壤处理的农药时要考虑下茬马铃薯播种时间。

(二)补救措施

马铃薯一旦产生了药害，需分辨药害的类型，研究产生药害的原因，预测药害的发生程度，采取相应对策。如果药害比较轻，为 1 级，仅仅叶片产生短时性、接触性药害斑，一般不需要采取任何措施，作物就会很快恢复正常生长；如果作物药害产生较重，为 2 级，叶片此时出现褪绿、皱缩、畸形、生长呈现较明显抑制，这时就必须要采取一些相应补救措施；如果药害很重，为 3~4 级，生长点死亡，此时生长持续严重抑制，导致一部分植株死亡，造成大幅度减产，这时就要认真考虑补种、毁种。

发生药害所能采取的补救措施，主要是改善马铃薯的生育条件，促进植株生长，增强其抗逆能力。比如采取耕作措施：覆盖地膜，增加地温和土壤通透性；依据马铃薯植株的长势情况，补施叶面肥，或施一些速效的氮肥、磷肥、钾肥，也可以喷施一些助壮或助长的生长调节剂，是可以促进植物根系生长的，但一定要根据作物的需求，不可随意施用，否则会适得其反；如果地面有积水，要及时排除；如果发生病虫害，应及时防治。只要有利于作物生长发育的措施都有利于缓解药害，减少损失。具体办法如下。

1.用清水或弱碱性水淋洗

对药害发现较早的，应该马上喷洒大量的清水淋洗作物，尽量把植株表面的药物冲洗掉。或在清水中加入适量的 0.2%小苏打溶液或 0.5%~1.0%石灰水，使之呈弱碱性，以加快药剂的分解。如果用错了土壤处理药剂，要进行田间排泄水洗药。

2.迅速追施速效肥

必须在药害发生的地块，马上追施尿素以及其他速效肥，增加养分，

提高作物的生长活力,确保早发,保证作物恢复能力。

3.叶片喷施功能性叶面肥

叶片喷洒阿卡迪安(天然海藻精)或天达2116等促进作物快速恢复生长。

4.利用某些农药作用相反的特性来进行挽救

如在多效唑发生药害时,可用赤霉素来缓解,前者为植物生长延缓剂,后者为植物生长促进剂。

▶ 第三节　洪涝渍害预防及灾后管理技术

我国是一个自然灾害频发的国家,在遭遇的各种各样的灾害性天气中,洪涝和渍害是对农业生产影响最大的灾害。洪涝和渍害是由于水分过多造成的农业气象灾害。洪水,通常指由于大雨、暴雨引起山洪暴发、河水泛滥,从而淹没农田园林、毁坏农舍和农业设施造成的灾害。涝害,通常指由于雨量过大或过于集中,造成农田积水,从而使旱地庄稼受淹致害。发生涝灾时,一般田间积水不深,不会淹没作物,所以水田不受影响或影响不大。渍害,又叫湿害、沥涝,通常是由于连阴雨时间过长,雨水过多,或者洪水、涝害之后,农田排水不良,虽然无明显积水,但土壤长期处于饱和状态,作物根系因缺氧而发生的灾害。

我国幅员辽阔,不同季节、不同地貌条件下,几乎均有马铃薯种植,在马铃薯播种和生长季节,短时强降雨或连续降雨,往往都会导致一些马铃薯种植田块遭受不同程度的洪水、涝害或渍害,给生产造成损失。积极进行洪涝渍害预防,开展灾后应急管理,对于避免或减少因灾损失具有重要的意义。

一 洪涝渍害对马铃薯的影响和危害

（一）洪水灾害

严重洪水，会将山区、坡地、河谷地区的马铃薯田块冲毁，造成水土、养分流失，甚至造成马铃薯绝收。

（二）涝害

长期涝害会导致马铃薯烂种、茎叶倒伏、烂薯；泡水会引起土壤缺氧，从而导致烂根、死苗；引起植株长势减弱、抗病能力下降，容易受到病原菌的侵染，引起青枯病等细菌性病害流行，严重时导致减产甚至绝收；对于沙性土等贫瘠土地，在长期雨水冲刷下，营养流失；缺氧环境下，嫌气微生物异常活跃，产生一堆有害物质，毒害作物根部（图4-3）。

（三）渍害

土壤水分过多，地下水位很高，导致马铃薯烂种；使根系缺氧，正常生长受阻，造成植株生长发育不良而减产；引起植株长势减弱、抗病能力下降，引发青枯病、黑胫病、晚疫病等病害流行，导致减产甚至绝收。

图4-3　马铃薯涝害

二 防灾减灾的技术体系

首先,治理河流、修筑水库,通过拦蓄河水,减少流量,从而有效地防止洪涝灾害的发生,还可以达到洪水资源化利用。其次,修好农田排水沟,农田有一个完整、畅通的排水体系,可以起到很好的排水、降湿,防止洪涝与渍害的作用。另外,就是调整农业结构、实行防洪栽培,因地制宜,趋利避害,科学安排农业生产。例如改良土壤,选种抗涝作物或品种,调整作物播种、移栽日期,实行垄作,加强管理等。

具体到马铃薯生产上,在规模化生产时,要选择旱能浇、涝能排且不会受到洪水威胁的地块进行马铃薯生产。通过高垄栽培,田间"三沟"配套,开挖和疏通排水沟渠,配套排涝泵站等系统措施,来进行防灾减灾生产。

三 马铃薯洪涝渍害补救措施

(一)加强田间清理

①洪涝后及时排涝、清沟沥水,清除沟渠内淤泥、杂草,确保马铃薯田块不会被淹或过水后及时排除,提高田块的抗涝防涝能力,降低田间湿度和涝渍危害,保证马铃薯的正常生长。

②中耕培土除草,改善土壤结构,提高根系活力。

③对正处于膨大期的马铃薯促进块茎膨大。由于洪涝灾害导致土壤养分流失严重,且根系发育不良,植株吸肥能力下降,植株严重缺肥,应该及时喷施叶面肥,如磷酸二氢钾与含氮量低的叶面肥交替使用,及时补充养分。

④因田间积水,植株局部损伤,土壤水分较大,空气湿度高,加之植株抵抗能力下降,一些病害如早(晚)疫病极易发生,因此要加强病害防治工作。抢晴天和雨停间隙,选择 68.75% 银法利悬浮剂 75 毫升、50% 福帅得

悬浮剂 25 毫升、72%克露可湿性粉剂 100 克喷雾防治晚疫病,对预防块茎腐烂具有一定的作用。

(二)抢晴收挖

已进入收获期的早中熟品种,及时抓住晴好天气搞好收获和销售,减少损失。

(三)补栽补种

对没有补救价值的马铃薯田块,天晴地干后,及时整地安排适季农作物或应季蔬菜等。

▶ 第四节　土壤连作障碍预防及修复管理技术

连作障碍,是指连续在同一土壤上栽培同种作物或近缘作物,造成土壤的生产力下降,并引起作物生长发育异常。症状一般为生长发育不良,产量、品质下降,极端情况下,局部死苗、不发苗或发苗不旺;多数受害植物根系发生褐变、分枝减少,活力低下,分布范围狭小,导致吸收水分、养分的能力下降。连作障碍一般生长初期明显,后期常可不同程度地恢复。连作障碍在植物科属间存在显著的差异,易发生连作障碍的作物集中在茄科、豆科、十字花科、葫芦科和蔷薇科,而多种禾本科粮食作物如麦类、水稻和玉米,连作障碍不明显。连作障碍的发生有多种原因,包括养分过度消耗、土壤理化性质恶化、病虫害增加和有毒物质(包括化感物质等)的累积等。它的发生受各种环境条件的影响,连作的次数(一般连作次数越多、年限越长,连作障碍越重)、土壤性质(通常黏土重于沙土,保护地栽培多于露地栽培)及后作水肥管理不当都会加重障碍。

一 连作障碍产生的原因

(一)土壤有害微生物积累

连作栽培条件下,蔬菜根系分泌物和植株残茬给病原菌提供了丰富的营养和寄主,长期适宜的温湿度环境给病原菌提供了良好的繁殖条件,从而使得病原菌数量不断增加。如随马铃薯连作时间延长,根部土壤中干腐病病原菌镰刀菌的数量呈上升的趋势。连作马铃薯后,土壤中对马铃薯生长有益的纤维素分解菌、固氮菌的数量较不连作土壤均减少;土壤中土传病害病原真菌尖孢镰刀菌和茄病镰刀菌的数量有所增加,而拮抗菌球毛壳菌的数量有所下降。同时,因为设施栽培条件下病虫害多发,大量施用农药导致作物生长环境被破坏,打破了土壤微生物种群的平衡。另外,过量施用化肥也导致了土壤中病原抵抗菌减少,从而助长了病原菌的繁殖,加重土传病虫害的发生。土传病虫害是引起蔬菜连作障碍最主要的因子。

(二)土壤理化性状恶化

长期连作造成土壤孔隙度与透气性降低、容重增大、土壤板结等问题,使植物根系生长受阻,影响植株生长发育。连作条件下持续大量施肥,致使土壤含盐量不断增加,造成土壤次生盐渍化,进而影响植株的生长发育。研究发现,长期连作还会造成土壤 pH 显著下降,引起土壤酸化,甚至改变土壤有效成分,引起植株养分吸收异常,进而影响蔬菜生长。土壤次生盐渍化和酸化现象在我国设施蔬菜栽培地中普遍发生。由于缺少雨水淋溶,钙离子、硝酸根离子、硫酸根离子、氯离子等富集地表是导致土壤次生盐渍化的主要原因之一。这些离子浓度的增加,会引起土壤渗透势增加,使作物根系的吸水、吸肥能力减弱,从而出现缺素症状,最终生育受阻,产量、品质下降。

（三）土壤养分失衡

连作也会因为作物对某一营养元素的偏好作用,导致某些营养元素的匮乏,若这些营养元素得不到及时补充,便会引起缺素症,从而影响作物的健康生长,进而引发连作障碍;而另一些作物不需要的元素则会在土壤中过量积累,发生次生盐渍化等现象,同样会导致连作障碍的发生。

（四）作物根系化感作用

作物正常生长过程会释放特定化学物质,从而影响周围生物及自身的生长发育,这种作用称为化感作用,也称自毒作用。黄瓜连作时,根系释放酚类物质,并在土壤中积累,抑制下茬作物的生长发育;黄瓜根和残株水浸液可抑制种子萌发,阻止胚芽、胚轴生长;在黄瓜根和残株水浸液中添加活性炭有助于根系的生长,降低毒害作用。杜茜等研究了马铃薯秸秆、连作土壤浸提液对番茄、茄子、辣椒等马铃薯同科植物的化感作用得出,马铃薯秸秆水浸提液对番茄、茄子的发芽率以及3种植物的发芽指数和胚根长均有抑制作用;对辣椒的发芽率和3种植物胚芽生长随浸提液浓度的升高表现出高浓度抑制、低浓度促进的现象。连作土壤浸提液抑制3种植物的发芽率及发芽指数,促进番茄和辣椒胚芽生长,3种植物胚根及茄子胚芽随着连作土壤浸提液浓度的增加呈先升高后降低的趋势。马铃薯秸秆水浸提液和连作土壤水浸提液均对3种茄科作物具有化感作用,且对发芽率、发芽指数、胚根长和胚芽长具有一定浓度效应。

二 马铃薯连作障碍预防及修复管理技术

（一）合理轮作、间作、套作

轮作有利于改善连作土壤中微生物结构,增强微生物活性和繁殖能力;增强土壤转化酶、脲酶、过氧化氢酶和多酚氧化酶活性;提高土壤肥力,改善作物生长发育,提高产量和品质。水旱轮作可有效改善土壤次生

盐渍化导致的连作障碍,旱作时,土壤中微生物以好气型真菌为主;水作时,土壤中微生物以厌氧型细菌为主,抑制了旱作时土壤中积累的病原真菌,且盐渍可通过水分的下渗而淋溶,因此水旱轮作增加了有益微生物的数量,使土壤生态环境得到一定修复。间作指通过合理配植各类植物,形成多种类、多层次、多功能的植物复合体,减少单一作物连作导致的某些养分积累;减少土壤无效蒸腾,增强植物对土壤水分的利用和循环;增加植物叶面积指数,提高净光合速率;丰富根际微生物区系,减轻病虫害发生。因此,不同作物间进行轮作是最佳的防治措施,如马铃薯、玉米、水稻、大豆等。

(二)合理增施有机肥

氮肥用量过高,土壤可溶性盐和硝酸盐将明显增加,病虫危害加剧,农产品品质变劣。因此,增施有机肥可有效改善土壤结构,增强保肥、保水、供肥、透气、调温的功能,增加土壤有机质,提高难溶性磷酸盐和微量元素的有效性。根据各种作物需肥规律及土壤供肥能力,确定肥料种类及数量,可以在一定程度上减轻连作障碍。同时根外追肥使用缓效性肥料,可避免速效肥短期内浓度急升的弊病,对防治土壤盐渍有很大的作用。

(三)减少盐分积累

盐害发生严重的土层,多表现为板结、透气性差等特点,通过深翻土壤,打破因常年使用旋耕机而形成的“犁底层”,降低土壤盐分浓度。利用自然降雨或灌溉水淋溶排除盐分。雨水淋溶可减少土壤表层的积累。每次浇水时应浇足浇透,将土表积累的盐分稀释,供根系吸收。采收后应及时清洁田园。对于盐分较重的土块,可灌淡水 4~6 厘米深,浸泡 7 天,将水分渗到深层,并及时排出浸水,晒土后耕翻耙平。

(四)土壤灭菌

土壤灭菌的主要目的是消除土壤中存在的有害微生物对作物生长的

抑制作用,同时不影响土壤的物理化学性质。可用药剂灭菌法,如用50%的多菌灵可湿性粉剂,每平方米土壤施1.5克,可防止根腐病、茎腐病、叶枯病和灰斑病等病害。也可以采用熏蒸的方法对温室大棚进行药剂消毒,常用的熏蒸剂有棉隆、氯化苦等药剂。熏蒸法是用土壤注射器或土壤消毒机将熏蒸剂注入土壤中,并及时在土壤表面覆盖薄膜等物,以便熏蒸剂的有毒气体在土壤中扩散,从而达到杀死病菌的目的。药剂消毒法虽然使用普遍,但长期使用,会破坏土壤结构,造成环境污染,地力下降。太阳能消毒法是最廉价也是最环保的方法。此法是利用夏季(7—8月)的高温,借助太阳能杀死病虫害。消毒时,先消除前茬病株残体并彻底清洁温室,再对土壤进行深翻(先施有机肥,每亩使用2袋嘉美红利),随后灌大水,然后用聚乙烯塑料薄膜全面覆盖温室土壤,在太阳下密闭暴晒15~25天,使10厘米土壤内土温在60℃以上,可有效预防枯萎病、青枯病、软腐病等土传病害,同时高温也能杀死线虫及其他虫卵(图4-4)。

图4-4 夏季高温闷棚

(五)接种有益微生物

通过施用有益微生物菌剂或微生物菌肥来对土壤进行有益微生物接种,利用有益微生物来分解连作土壤中存在的有害物质,也可利用一些

有益菌对特定的病原菌产生有害物质或与之竞争营养和空间等途径来减少病原菌的数量和根系的感染。也可以利用有益微生物分解连作土壤中存在的有害物质,改善土壤质地,从而达到减轻连作障碍的目的。

第五章 马铃薯病虫草害防治技术

▶ 第一节 病害及防治

一 病毒病

病毒病是马铃薯的主要病害之一,可以导致植株生理代谢紊乱,活力降低,造成大量减产甚至没有商品产量。感染病毒的马铃薯通过块茎无性繁殖进行世代积累和传递,致使块茎种性变劣,产量不断下降,甚至失去利用价值,不能留种再生产。

(一)症状分析

危害马铃薯的病毒有 30 多种,感染不同的病毒其危害症状也不相同(图 5-1),常见的症状类型可归纳如下:

1.花叶型

叶面出现淡绿、黄绿和浓绿相间的斑驳花叶(有轻花叶、重花叶、皱缩花叶和黄斑花叶之分),叶片基本不变小,或变小、皱缩,植株矮化。

2.卷叶型

叶缘向上卷曲,甚至呈圆筒状,色淡,变硬革质化,有时叶背出现紫红色。

图 5-1 马铃薯花叶病毒病和黄化曲叶病毒病

3.坏死型(或称条斑型)

叶脉、叶柄、茎枝出现褐色坏死斑或连合成条斑,甚至叶片萎垂、枯死或脱落。

4.丛枝及束顶型

分枝纤细而多,缩节丛生或束顶,叶小花少,明显矮缩。

(二)发病特点

毒源主要来自种薯和野生寄主上,带毒种薯为最主要的初侵染源,种薯调运可将病毒进行远距离传播。病薯和病种子(个别)长出的植株一般都有病。在植株生长期间,病毒通过昆虫或汁液等传播,引起再侵染。高温特别是土温高(>25 ℃),既有利于传毒蚜虫的繁殖和传毒活动,又会降低薯块的生活力,从而削弱了对病毒的抵抗力,往往容易感病,引起种薯退化。品种间抗病性有差异。

(三)传播途径

以上几种病毒都可通过蚜虫及汁液摩擦传毒。田间管理条件差,蚜虫发生量大、发病重。此外,25 ℃以上高温会降低寄主对病毒的抵抗力,也有利于传毒媒介蚜虫的繁殖、迁飞或传病,从而利于该病扩展,加重受害程度,故一般冷凉山区栽植的马铃薯发病轻。品种抗病性及栽培措施都会影响本病的发生程度。

(四)农业防治

1.建立无病留种基地

品种基地应建立在冷凉地区,繁殖无病毒或未退化的良种。

2.采用无毒种薯

各地要建立无毒种薯繁育基地,原种田应设在高纬度或高海拔地区,并通过各种检测方法清除病薯,推广茎尖组织脱毒,生产田还可通过二季作或夏播获得种薯。

3.一季作区实行夏播

夏播可使块茎在冷凉季节形成,增强对病毒的抵抗力;二季作区春季用早熟品种,地膜覆盖栽培,早播早收,秋季适当晚播、早收,可减轻发病。

4.改进栽培措施

包括留种田远离茄科菜地;及早拔除病株;实行精耕细作,高垄栽培,及时培土;避免偏施过施氮肥,增施磷钾肥;注意深耕除草;控制秋水,严防大水漫灌。

5.化学防治

在留种地及时防蚜对减轻退化有显著效果,尤其对卷叶病毒效果明显。也可选用病毒钝化剂,如 20%毒病毒等。

二 细菌性病害

(一)环腐病

1.发病特征

马铃薯环腐病是一种细菌性病害,又称轮腐病,俗称转圈烂、黄眼圈。该病主要侵染马铃薯的维管束系统,进而危害块茎的维管束环,使块茎失去食用和种用价值,分为萎蔫型和枯斑型两种。萎蔫型症状:初期从顶端复叶开始萎蔫,似缺水状,逐步向下发展,叶不变色,中午时症状最明显,以后随病情发展,叶片开始褪色并向内卷,下垂,最后倒伏枯死。枯斑型症状:从基部叶片开始并逐渐向上蔓延,叶尖或叶缘呈褐色,后渐蔓延,叶肉呈黄绿色或灰绿色,而叶脉仍为绿色,呈明显斑驳状,同时叶尖渐干枯并向内纵卷,枯斑叶自下向上蔓延,最后全株枯死(图5-2)。

图5-2　马铃薯环腐病

2.病原菌及传播途径

环腐病病原菌为密执安棒形杆菌环腐亚种,在种薯中越冬,成为翌年初侵染来源。病菌也可以在盛放种薯的容器上长期成活,成为薯块感染的一个来源。病菌主要靠切刀传播,病薯播种后,病菌在块茎组织内繁殖到一定的数量后,部分芽眼腐烂不能发芽。出土的病芽中,病菌沿维管束上下扩展,引起地上部植株发病。马铃薯生长后期,病菌可沿茎部维管束经由匍匐茎侵入新生的块茎,感病块茎作种薯时又成为下一季或下一年的侵染来源。收获期是此病的重要传播时期,病薯和健薯可以接触传染。

3.防治方法

（1）种薯选择

播种前选用健薯,淘汰病薯,剔除烂薯块,播前在较高温度下催芽,使病薯出现明显的症状而淘汰。或在播种前把种薯先放在室内堆放 5~6 天进行晾种,不断剔除烂薯,使田间环腐病大为减少。

（2）切刀消毒及种薯浸种

切刀切病薯后用 5%来苏水、75%酒精等浸泡切刀,进行消毒。种薯切块后用 50 毫克/千克硫酸铜浸种 10 分钟以上有较好的效果。

（二）青枯病

1.发病特征

马铃薯植株发病时,某个茎或分枝突然萎蔫青枯,其他茎叶仍然正常,但不久也枯死,最后全株枯萎。病株叶片浅绿色或苍绿色,叶片先萎蔫,后下垂,开始早晚恢复,持续几日后,全株茎叶萎蔫死亡,但仍可保持青绿色,叶片不凋落。马铃薯块茎染病,严重时脐部呈灰褐色水浸状,切开薯块,维管束变褐色,挤压时可溢出乳白色黏液,但马铃薯皮、肉不从维管束处分离(这是与环腐病的主要区别)(图 5-3)。

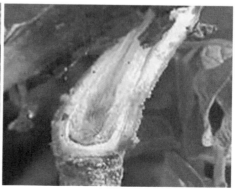

图 5-3　马铃薯青枯病病症

2.病原菌及传播途径

马铃薯青枯病主要由青枯假单胞菌引起,是一种维管束病害,在马铃薯整个生长周期均可发病,可以通过灌溉水、肥料、病苗、病土、人畜以及生产工具等进行传播,并且可以重复多次传播。尤其是在4月上旬,连续梅雨天气过后转晴,气温急剧升高,是青枯病流行的重要时期。除此之外,线虫、地老虎等地下害虫频繁发生,常年连作的地块也容易发生该病。

3.防治方法

①选择抗病品种及无病种薯,同时与十字花科或禾本科作物实行4年以上的轮作。

②发现田间病株及时拔除销毁,并对病株穴灌注2%甲醛或20%石灰水。

③加强田间管理,中耕培土时尽量避免伤根,适当提早收获。生长后期,适量浇水,雨后及时排水。施用充分腐熟农家肥,增施复合生物菌剂。

④发病初期,可用72%硫酸链霉素可溶性粉剂4 000倍液,或25%络氨铜水剂500倍液,或77%氢氧化铜可湿性粉剂400~500倍液,或50%琥胶肥酸铜可湿性粉剂400倍液灌根,每株灌药液0.3~0.5千克,每隔10天灌1次,连续灌2~3次。

(三)黑胫病

1.发病特征

植株和块茎均可感染。病株生长缓慢,矮小直立,茎叶逐渐变黄,顶部叶片向中脉卷曲,有时萎蔫。靠地面的茎基部变黑腐烂,有黏液和臭味,很容易从土壤中拔出。种薯染病腐烂成黏团状,不发芽,或刚发芽即烂在土中,不能出苗。发病晚的植株能结染病程度不同的薯块,横断面切开,可以看到维管束已变黑色,并从脐部开始腐烂。感病重的薯块,在田间就已经腐烂,发出难闻的气味。严重时薯块烂成空腔,轻者只是脐部变色,甚至看不出症状(图5-4)。

图5-4 马铃薯黑胫病发病植株及病薯

2.病原菌及传播途径

马铃薯黑胫病病原菌是欧氏杆菌,初侵染来源主要为带菌种薯和田间尚未完全腐烂的病薯块、植物残体等。通过灌溉水、雨水或昆虫传播,经块茎的皮孔、生长裂缝、机械伤及地下害虫造成的伤口传入。

3.防治方法

①选用抗病品种。②选用无病种薯,建立无病种薯专用繁种田。③加强栽培管理。选择地势高、排水良好的种植地块,做好种薯消毒。及时拔出病株,清理病残体。注意农机具的清洁,必须使用次氯酸钠或甲醛消毒处理。

(四)软腐病

1.发病特征

软腐病一般发生在生长后期收获之前的块茎上及储藏的块茎上。被侵染的块茎,气孔轻微凹陷,棕色或褐色,周围呈水浸状。在干燥条件下,病斑变硬、变干,坏死组织凹陷。发展到腐烂时,软腐组织呈湿的奶油色或棕褐色,其上有软的颗粒状物。被侵染组织和健康组织界限明显,病斑

边缘有褐色或黑色的色素。腐烂早期无气味,二次侵染后有臭气、黏液、黏稠物质(图5-5)。

2.病原菌及传播途径

马铃薯软腐病的病原菌主要为胡萝卜软腐欧氏杆菌变种和黑胫病欧氏杆菌变种,属厌气细菌,易在水中传播。软腐病的侵染循环与黑胫病相似。一般易从其他病斑进入,形成二次侵染、复合侵染。早前被感染的母株,可通过匍匐茎侵染子代块茎。

图 5-5　马铃薯软腐病发病块茎

温暖和高湿及缺氧有利于块茎软腐。地温在20~25 ℃或25 ℃以上,收获的块茎会高度感病。通气不良、田里积水、水洗后块茎上有水膜造成的厌气环境,利于病害发生发展。

3.防治方法

(1)收获期防治

块茎收获时尽可能选择早晚地温低和土壤较干燥时进行;块茎收获后及时装箱、遮阴,防止太阳光暴晒;尽量避免和减少在收获和运输过程中造成的块茎损伤。

(2)储藏期防治

薯块温度降到10 ℃以下再入库;保持库内冷凉和通风良好,避免块茎表面潮湿和窖内缺氧。

(3)种薯处理防治

播种前剔除有病薯块,切块后做好种薯拌种消毒;避免在土壤湿度太大时播种;提倡用小整薯作种。

（4）选育和种植抗病或耐病品种

应因地制宜筛选和种植已有的抗（耐）病优良品种，同时应积极培育新的抗（耐）病品种。

三 真菌性病害

（一）晚疫病

1.发病特征

晚疫病主要侵染马铃薯的叶、茎和薯块。叶片发病，先在叶片的叶尖或者叶缘产生褪绿色斑点，形状不规则。气候潮湿时，病斑迅速扩大，其边缘呈水渍状，有一圈白色霉状物，在叶的背面长有茂密的白霉，形成霉轮，这是马铃薯晚疫病的特征（图5-6）。发病严重时，使叶片萎蔫下垂，全株变黑呈湿腐状。天气干旱时，病斑干枯呈褐色，叶片背面无白色霉层，病叶脆、易破裂，病害扩展缓慢。茎部受害，初呈稍凹陷的褐色条斑。薯块受害，发病初期产生小的褐色或带紫色的病斑，稍凹陷，在皮下呈红褐色，逐渐向周围和内部发展，严重时整个薯块腐烂。

图5-6　马铃薯晚疫病发病叶片

2.病原菌及传播途径

马铃薯晚疫病病原物为致病疫霉，属鞭毛菌亚门疫霉属真菌，病

菌以菌丝体在薯块中越冬,播种带菌薯块不发芽,或发芽出土后死亡,有的出苗后在温度、湿度适合时成为中心病株。病菌孢子借气流传播,侵染周围植株形成发病中心,并迅速向外侵染蔓延。病原孢子落入土壤中侵染薯块,带病的种薯是马铃薯晚疫病翌年发生的主要病原。天较冷凉(气温 10 ℃左右)、重雾或有雨时均会产生大量孢子囊,白天高温则促进孢子囊迅速萌发,病害极易流行;反之,雨水少、温度高,则病害发生轻。设施栽培发病条件易于满足,发生一般比露地重,可人工通风排湿,控制发病条件。地势低洼、排水不良的地块发病重,种植密度大或偏施氮肥有利于发病。

3.防治方法

(1)选用抗病品种和无病种薯

选好品种和种薯有利于减少初侵染源。

(2)做好种薯消毒灭菌后再切块处理

种薯切块前先用 25%甲霜灵可湿性粉剂 800 倍液对种薯进行喷雾,然后覆盖薄膜,4~6 小时后摊开晾干,再切块。

(3)加强田间管理

促进植株健壮生长,增强抗病力。大棚马铃薯要做好通风散热工作,创造有利于马铃薯生长而不利于晚疫病发生的生态环境条件。

(4)药剂防治

在易发生晚疫病的季节或气象条件下,喷施保护性杀菌剂进行预防。保护性杀菌剂有 68.75%易保水分散粒剂 800~1 200 倍液、77%氢氧化铜可湿性粉剂 500 倍液、70%丙森锌可湿性粉剂 500~700 倍液、70%代森锰锌可湿性粉剂 400~500 倍液等,以上药剂 5~7 天喷施 1 次,交替使用。在晚疫病发生初期,要及时清除中心病株,并喷施治疗兼保护性药剂,连喷 2 次。药剂可选择 52.5%抑快净水分散粒剂 2 000~3 000 倍液、72%霜脲锰锌可湿性粉剂 500~700 倍液、72.2%霜霉威水剂 800 倍液、58%甲霜灵锰锌可湿性粉剂 500~700 倍液、64%噁霜锰锌可湿性粉剂 400~500 倍液、90%乙磷铝可湿性粉剂 400~500 倍液等。

（二）早疫病

1.发病特征

主要危害叶片，也能侵害叶柄、茎和薯块。在叶上病斑最初为褐色圆形斑点，以后逐渐扩大成近圆形，病斑边缘明显，有清晰的同心轮纹（图 5-7）。发病多时病斑可连接成不规则大型枯斑，严重时叶片全部枯死。在茎或叶柄上病斑呈褐色，线条状，稍凹陷，扩大后呈灰褐色长椭圆形斑，严重时茎、叶可枯死。薯块受害后病斑呈暗褐色、不规则形，稍凹陷，但只侵害皮下少许薯肉，呈褐色，干腐状。

图 5-7　马铃薯早疫病发病叶片正面与背面

2.病原菌及传播途径

马铃薯早疫病菌为半知菌亚门真菌茄链格孢,病菌以菌丝和分生孢子在病残株上越冬,也可在窖内病薯上越冬,成为第2年的侵染源,土壤亦是侵染源之一。病菌分生孢子经风雨传播,从气孔、伤口或直接侵入。一般在马铃薯下部叶片先开始发生,经反复侵染逐渐蔓延到顶部。分生孢子侵染最适温度 12~16 ℃、最适湿度 80% 以上,而发病的最适温度 24~30 ℃。春季大棚马铃薯湿度大,易发病。

3.防治方法

①选用早熟抗病品种,加强栽培管理,提高抗病性。

②不要和茄科作物轮作或邻作,选择无病种薯,做好种薯杀菌消毒。

③药剂防治。发病前可用 25% 阿米西达 1 500~2 000 倍液或 70% 代森锰锌可湿性粉剂 600~800 倍液交替喷施预防,7~10 天喷施 1 次,连续预防 2~3 次。发病后用 50% 速克灵可湿性粉剂 800~1 000 倍液、70% 代森锰锌可湿性粉剂 600~800 倍液、50% 扑海因可湿性粉剂 1 000~1 500 倍液、70% 甲基托布津可湿性粉剂 800 倍液、72% 霜脲·锰锌 600~800 倍液喷雾,交替使用上述药剂,7 天喷施 1 次,视情况连喷 2~3 次。

(三)疮痂病

1.发病特征

马铃薯疮痂病主要危害块茎。块茎染病,表面初生褐色小斑点,扩大后形成圆形或不规则形、中央凹陷、边缘凸起、表面粗糙的褐色病斑;因产生大量木栓化细胞,导致表面粗糙而呈疮痂状,一个薯块上病斑少者数个,多者数十个,并由数个病斑合并成大斑块,可布满整个薯块表面。病斑仅限于皮部,不深入薯内(图5-8)。

图 5-8　马铃薯疮痂病

2.病原菌及传播途径

马铃薯疮痂病是由多种链霉菌引起,属于放线菌。在温度为 20~32 ℃、含水量少于 15%的中性或微碱性沙壤土中易发病;最适感病生育期为结薯期。病菌在马铃薯块茎上及土壤中越冬。过多施用可增加土壤碱性的化肥和未腐熟的农家肥等,都会为马铃薯疮痂病的发生提供有利条件。

3.防治方法

①选育抗病品种,选用无病种薯。

②冬季深翻土壤,晒垡冻垡,破坏病菌滋生环境,发病田块实行轮作。

③施用腐熟有机肥,增施复合微生物菌剂,提高其环境抗病性。

④选择适宜田块,提倡高垄栽培,均衡水分供应,避免大水漫灌,防止病菌传播蔓延。

⑤药剂防治。用 40%五硝基苯粉剂进行土壤消毒,每亩用药 0.6~1.0 千克;在播种沟喷施 2%阿维菌素乳油 1 000~1 500 倍液、77%氢氧化铜可湿性粉剂 500 倍液和撒施枯草芽孢杆菌,均可减轻疮痂病的发生。还可用甲基托布津+多菌灵+农用链霉素+滑石粉拌种进行预防。马铃薯发病后,可用 65%代森锰锌可湿性粉剂 1 000 倍液或 72%农用链霉素 2 000 倍液进行叶面喷雾。

(四)干腐病

1.发病特征

马铃薯干腐病是典型的储藏期病害。干腐病病菌在块茎上的症状一般是经过一段时间的贮藏后才开始表现。最初在块茎上出现褐色小斑,随后病斑逐渐扩大,下陷皱缩,形成同心轮纹,进一步造成块茎腐烂。发病严重时,病薯整个皱缩干腐,坏死组织变褐色,有时呈现各种颜色,形成空洞(图5-9)。在潮湿条件下则转为软腐。

图5-9　马铃薯干腐病

2.病原菌及传播途径

马铃薯干腐病由半知菌亚门的镰孢霉菌复合侵染引起。病菌以菌丝体或分生孢子在病残组织或土壤中越冬,在种薯表面繁殖存活的病菌可成为主要的侵染来源,依靠雨水溅射而传播,经伤口或芽眼侵入,又经操作或贮存薯块的容器及工具污染传播、扩大危害。收获期间造成伤口多则易受侵染,贮藏条件差、通风不良利于发病。

3.防治方法

①使用无病种薯,良好水分管理,轮作。

②晴天和土壤湿度较低时收获,收获运贮期间尽量避免薯块受伤,减

少侵染。收获后适当干燥,待愈伤后入窖贮存,受水浸泡、冷害的马铃薯不得入库。

③马铃薯入库前,用硫黄粉、高锰酸钾和甲醛的混合剂对仓库进行全面消毒。

④贮藏早期适当提高温度,搞好通风,促进伤口愈合;以后控制温度在 1~4 ℃,减少发病。

(五)癌肿病

1.发病特征

被害块茎或匍匐茎由于病菌刺激寄主细胞不断分裂,形成大大小小花菜头状的瘤,表皮常龟裂,癌肿组织前期呈黄白色,后期变黑褐色,松软、易腐烂并产生恶臭。病薯在窖藏期仍能继续扩展危害,甚者造成烂窖,病薯变黑,发出恶臭。地上部,田间病株初期与健株无明显区别,后期病株较健株高,叶色浓绿,分枝多。重病田块部分病株的花、茎、叶均可被害而产生癌肿病变(图 5-10)。

图 5-10　马铃薯癌肿病

2.病原菌及传播途径

癌肿病病原菌为内生集壶菌,是一种专性寄生菌。病菌在低温多湿、

气候冷凉、昼夜温差大、土壤湿度高、温度在 12~24 ℃的条件下有利于病菌侵染。病菌以休眠孢子囊在病组织内或随病残体遗落土中越冬,遇条件适宜时,萌发产生游动孢子和合子,从寄主表皮细胞侵入,经过生长产生孢子囊。孢子囊可释放出游动孢子或合子,进行重复侵染,并刺激寄主细胞不断分裂和增生。

3.防治方法

①严格检疫,严禁疫区种薯向外调运,病田的土壤及其上生长的植物也严禁外移。

②因地制宜选用抗病品种,与禾本科作物或水旱轮作。

③加强栽培管理,施用腐熟农家肥,增施磷钾肥,及时挖除病株集中烧毁,必要时对病地进行土壤消毒。

④药剂防治。每亩用 15%三唑酮乳油 400~500 克,以 1:200 的比例与沙土混合制成药土,播种后覆盖种薯;于马铃薯出芽率达 70%时用 15%三唑酮乳油 1 000 倍液灌根,薯块膨大期再灌溉一次,每亩用药液 60 千克;或用 20%三唑酮乳油 2 000 倍液于苗期、蕾期分别喷施。

▶ 第二节　虫害及防治

一 茎叶害虫

(一)蚜虫

1.危害特点

蚜虫也叫腻虫,危害马铃薯并传播病毒的蚜虫主要是桃蚜和马铃薯蚜,分类上属同翅目蚜总科蚜科。蚜虫群居在叶子背面和幼嫩的顶部取食,刺伤叶片吸取汁液,同时排泄出一种黏状物,堵塞气孔,使叶片皱缩变形,幼嫩部分生长受到妨碍,直接影响产量;取食过程中,如桃蚜把病毒传给健康植株,引起病毒病(图5-11)。

图 5-11　马铃薯蚜虫

2.防治方法

①及时清除田间杂草,清理越冬场所。

②利用蚜虫的天敌,如食蚜蜂进行生物防治;大棚内悬挂黄板、蓝板粘虫板诱杀。

③药剂防治。发现蚜虫要及早防治,可用 10%吡虫啉可湿性粉剂2 000 倍液,或 40%乐果乳油 1 000 倍液,或 20%氰戊菊酯乳油 2 000 倍液,或 2.5%噻嗪酮乳油 2 500 倍液等防治。蚜虫多在新叶、叶背处危害,喷药要周到细致。

(二)蓟马

1.危害特点

蓟马是昆虫纲缨翅目的统称,体长 0.5~2.0 毫米(图5-12),一般从叶片背面吸食, 使叶面上产生许多银白色的凹陷斑点, 严重时可使叶片干枯,减弱植株生长势,甚至使之枯萎。蓟马世代严重,在南方一年发生 11~

14 代,以成虫在枯枝落叶或土壤表皮层中越冬。蓟马寿命春季为 35 天左右,夏季 20~28 天,秋季 40~73 天。

图 5-12　马铃薯蓟马

2.防治方法

（1）物理防治

蓟马对蓝色具有强烈的趋性,可以在田间挂蓝板,诱杀成虫。

（2）农业防治

改善生长环境,干旱有利于蓟马的繁殖。马铃薯生产田应及时灌溉,可有效减少蓟马的数量,减轻危害。

（3）药剂防治

可选用 90%敌百虫 800~1 000 倍液,或 0.3%印楝素乳油 800 倍液、10%高效氯氰菊酯乳油 2 000 倍液、25%噻虫嗪水分散粒剂 5 000~10 000 倍液喷雾防治。

（三）大青叶蝉

1.危害特点

大青叶蝉属同翅目叶蝉科。体长 7~11 毫米,头部淡褐色,触角窝上方、两单眼之间有 1 对黑斑。若虫孵化时呈灰白色,后变淡黄色,成虫和若虫均危害叶片,刺激枝叶造成褐色、畸形、卷缩,甚至全株枯死,此外还可传播病毒病(图5-13)。

图5-13　大青叶蝉(图片引自《济南昆虫》)

2.防治方法

(1)农业防治

加强田间管理,秋冬季节清洁田园,铲除杂草,消灭越冬成虫。

(2)物理防治

大棚内悬挂蓝色或黄色粘虫板诱杀。

(3)药剂防治

越冬成虫开始活动时以及若虫孵化盛期可选用70%吡虫啉水分散粒剂3 000倍液、10%醚菊酯悬浮剂600~1 000倍液、2.5%溴氰菊酯乳油1 000~1 500倍液喷雾防治。

(四)马铃薯瓢虫

1.危害特点

马铃薯瓢虫即二十八星瓢虫属于半翅目瓢虫科。成虫:呈半球形,红褐色,全体密生黄褐色细毛,每一鞘翅上有14个黑斑。幼虫:老熟幼虫淡黄色,纺锤形,背面隆起,体背各节生有整齐的枝刺,前胸及腹部第8~9节各有枝刺4根,其余各节为6根。卵:炮弹形,初产淡黄色,后变黄褐色。蛹:淡黄色,椭圆形,尾端包着末龄幼虫的蜕皮,背面有淡黑色斑纹。成

虫、幼虫在马铃薯叶背面剥食叶肉,仅留表皮,严重的叶片透明,呈褐色枯萎,严重时导致植株枯萎死亡。(图 5-14)

图 5-14　马铃薯瓢虫

2.防治方法

(1)农业防治

捕杀成虫、幼虫,摘除卵块,减少害虫数量。

(2)生物防治

喷施苏云金杆菌、云菊素等生物制剂,保护天敌。

(3)物理防治

利用杀虫灯或种植诱集作物进行诱杀,如种植龙葵诱集。

(4)农药防治

在幼虫刚孵化或低龄幼虫期防治效果最好。可用 2.5%溴氰菊酯 2 500 倍液、2.5%功夫菊酯乳油 3 000 倍液、2%阿维菌素可湿性粉剂 20~30 克/亩等加水稀释喷雾防治。

(五)茶黄螨

1.危害特点

茶黄螨属蛛形纲蜱螨目跗线螨科茶黄螨属,虫体极小。以成螨和幼螨

集中在马铃薯幼嫩叶片部位刺吸危害(图5-15)。受害叶片背面呈灰褐色
或黄褐色,油渍状,叶片边缘向下卷曲;受害嫩茎、嫩枝变黄褐色,扭曲变
形,严重时植株顶部干枯。主要在夏、秋季露地发生。

图 5-15　茶黄螨

2.防治方法

(1)农业防治

铲除田边杂草,清除残株败叶,消灭越冬虫源。

(2)药剂防治

茶黄螨繁殖力极强,发生后应特别注意早期防治。喷药的重点部位
是植株上部及嫩叶背面、嫩茎、未展开的心叶、节间嫩芽。可用阿维菌素
系列生物农药,如1.8%海正灭虫灵、虫螨立克等,每隔10天用药1次,连续
防治3次,防效良好。或用35%杀螨特乳油1 000倍液、0.9%爱福丁乳
油3 500~4 000倍液、25%灭螨猛可湿性粉剂1 000~1 500倍液等喷雾
防治。

(六)马铃薯甲虫

1.危害特点

马铃薯甲虫,又名科罗拉多马铃薯甲虫,属鞘翅目叶甲科,是世界有名的毁灭性检疫害虫,马铃薯是其最适寄主。成虫体长 10 毫米,卵圆形,橘黄色,头、胸部和腹面散布大小不同的黑斑,各足跗节和膝关节黑色,每鞘翅上有 5 个黑色纵条纹,相当艳丽(图 5-16)。成虫在地下越冬,春季越冬成虫出土产卵于马铃薯叶片反面,每雌产卵 300~500 粒。老熟幼虫入土化蛹。一年发生 1~3 代。成虫、幼虫危害马铃薯叶片和嫩尖,防治不及时可把马铃薯叶片吃光,严重的造成绝收。该虫的传播途径主要通过自然爬行、迁飞的自然传播和借助运输工具的人工传播。

图 5-16　马铃薯甲虫

2.防治方法

(1)依法检疫

不从马铃薯甲虫疫区调运种薯或引进品种资源。

(2)药剂防治

有机氯杀虫剂、有机磷杀虫剂、氨基甲酸酯类杀虫剂、菊酯类杀虫剂对马铃薯甲虫都有较好防治效果。需轮换或交替使用不同化学成分的药剂,配合使用栽培防治和生物防治,实行综合防治。

（3）生物防治

施用苏云金杆菌制剂,防治低龄马铃薯甲虫。

（七）马铃薯块茎蛾

1.危害特点

马铃薯块茎蛾又称马铃薯麦蛾、烟潜叶蛾等,属鳞翅目麦蛾科,是国际和国内检疫对象。成蛾体长 5~6 毫米,翅展 14~16 毫米,灰褐色,稍带银灰光泽。雌虫翅臀区有显著的黑褐色大斑纹,两翅合并时形成一长斑纹。卵椭圆形,微透明,长约 0.5 毫米,初产时乳白色、微透明且带白色光泽,孵化前变黑褐色,带紫蓝色光亮。空腹幼虫体乳黄色,危害叶片后呈绿色。末龄幼虫体长 11~13 毫米,头部棕褐色,每侧各有单眼 6 个,胸节微红,前胸背板及胸足黑褐色,臀板淡黄色(图 5-17)。幼虫潜叶蛀食叶肉,严重时嫩茎和叶芽常被害枯死,幼株甚至死亡。在田间和贮藏期间,幼虫蛀食马铃薯块茎,蛀成弯曲的隧道,严重时吃空整个薯块,外表皱缩并引起腐烂。

图 5-17　马铃薯块茎蛾

2.防治方法

（1）严格植物检疫

不从发生区调出商品薯或种薯,必须调出时,需经过熏蒸处理,杀死马铃薯块茎蛾,以免将害虫带出发生区。

（2）农业防治

与非寄主作物轮作,可以降低或减轻危害。

（3）物理防治

利用成虫的趋光性,安装杀虫灯诱杀成虫。

（4）化学防治

在成虫盛发期,喷洒 2.5%溴氰菊酯乳油 2 000 倍液或 10%赛波凯乳油 2 000 倍液防治;对有虫的种薯用二硫化碳熏蒸。

二 地下害虫

（一）危害马铃薯的地下害虫

危害马铃薯的地下害虫主要有地老虎、蛴螬、蝼蛄和金针虫。地下害虫在土中取食播下或发芽的种子,咬断作物的根、茎,轻者造成缺苗断垄,重者会毁种重播,还危害作物的地下产品。如果把马铃薯块茎咬成孔洞,造成减产和品质下降,将失去商品价值。

1.地老虎

地老虎属鳞翅目叶蛾科,原名土蚕、地蚕,分为小地老虎、黄地老虎、大地老虎等 20 余种,全国各地均有分布,是植物的重要害虫,可危害多种作物的幼苗。低龄幼虫昼夜活动,取食子叶、嫩叶和嫩茎;3 龄后,昼伏夜出,可咬断近地面的嫩茎,造成缺苗断垄甚至毁种(图 5-18)。

图 5-18　地老虎幼虫(左)、成虫(右)

2.蛴螬

蛴螬是金龟甲类幼虫的统称,属鞘翅目金龟甲科,又名白土蚕、核桃虫、地漏子。成虫是金龟甲,俗名铜克朗、金巴牛、瞎碰子等。蛴螬的分布广,食性杂,危害重。在马铃薯田中,它主要通过咬食和钻蛀危害地下嫩根、地下茎和块茎。通过咬断地下根茎,使地上营养、水分供应不上而枯死。块茎被钻蛀后,导致马铃薯商品性丧失或引起腐烂。成虫大量取食植物的花蕾、嫩芽,还咬食叶片(图 5-19)。

图 5-19　蛴螬幼虫(左)、成虫(右)

3.蝼蛄

蝼蛄属直翅目蝼蛄科,俗名地狗、土狗、拉拉蛄(图 5-20)。蝼蛄为多食性害虫,成虫、幼虫都非常活跃,均喜欢取食各种农作物及蔬菜的种子和幼苗,造成严重缺苗断垄,也咬食幼根和嫩茎,被害部常被咬成乱麻状,使嫩苗生长不良或枯萎死亡。蝼蛄的活动力强,善于在表土层钻爬形成许多隧道,使幼苗根部与土壤分离,失水干枯死亡。

图 5-20　蝼蛄

4.金针虫

金针虫是叩头虫科的统称,由于幼虫体多为金黄色,体形似针,故名金针虫。成虫因有弹跳习性,所以又称叩头虫。金针虫属鞘翅目叩头虫科,俗名铁丝虫、黄夹子虫、土蛐蜒(图 5-21)。金针虫为多食性害虫,以幼虫危害,春季钻蛀进芽块、根和地下茎,受害部位断面不整齐,呈毛刷状,受害苗生长不良或枯萎死亡。

图 5-21　金针虫

（二）防治方法

地下害虫种类多,食性杂,发生期长,隐蔽性强,是较难防治的一类害虫。因此,防治上应贯彻"预防为主,综合防治"的植保方针。根据虫情,因时因地制宜,协调使用各项措施,做到"农防化防综合治、播前播后连续治、成虫幼虫结合治",将地下害虫控制在经济允许水平以下,最大限度地减少危害。

1.农业防治

（1）轮作倒茬

南方有条件的地区实行水旱轮作,可以大大减少蛴螬、蝼蛄的发生和危害;北方地区薯类与豆类、禾谷类作物轮作,可以减少地下害虫的虫源基数。

（2）深耕晒垡

秋冬季对田块进行深耕和晒垡、冻垡,可有效减少土壤中各种地下害虫的越冬虫口基数;春耕耙耱,可消灭地表的地老虎卵粒,表土层的蛴螬、蝼蛄、金针虫等,从而减轻危害。

（3）合理施肥

使用充分腐熟的有机肥,能有效减少蝼蛄、蛴螬等产卵。碳铵、腐殖酸铵、氨水、氨化磷酸钙等化肥深施既提高肥效,又能因腐蚀、熏蒸作用杀伤一部分地下害虫。

（4）实时灌水

实时进行春灌和秋灌,可以恶化地下害虫的生活环境,起到淹杀害虫或抑制害虫正常活动,减轻对马铃薯的危害。

2.药剂防治

（1）土壤处理

结合播前整地,进行土壤药剂处理,每亩选用50%辛硫磷乳油

0.3 千克加水 50 千克,均匀喷洒田间地面,然后整地播种;也可以每亩用
5%辛硫磷颗粒剂 2.5 千克拌 20~25 千克细土,均匀撒入田间再整地播
种。

（2）药剂拌种

选用种子质量 0.1%~0.2%的 50%辛硫磷或 40%乐果乳油等药剂,加
种子质量 10%的水稀释,均匀喷拌于种子上,堆闷 6~12 小时,待药液吸
干后播种,可防金针虫、蛴螬等危害种芽。选用的药剂和剂量应进行拌种
发芽试验,防止降低发芽率及发生药害。也可每亩选用 90%晶体敌百虫
0.05~0.10 千克,加适量水,喷拌 1.5~2.5 千克事先煮至半熟且晾凉的谷物,
制成毒谷,播种时撒入播种沟内,可防止蝼蛄危害种块或幼苗。

（3）毒饵诱杀

每亩选用 90%晶体敌百虫或 50%辛硫磷乳油 0.02~0.05 千克,加适量
水,拌入 2~5 千克碾碎炒香菜籽饼或米糠、麸皮等诱饵中,制成毒饵,于
无风闷热的夜晚撒放在出苗的田间或苗床上,对蝼蛄、地老虎幼虫有良
好的诱杀效果。

（4）糖醋液诱杀

地老虎成虫对糖醋液有较强的趋向性,可用其进行诱杀。诱液配方为
1 份红糖、1 份醋、2.5 份水,加入少量敌百虫拌匀,放入盘内,置于田间
即可。

（5）药液浇根或灌根

苗期蛴螬、地老虎、金针虫危害较重时,可进行药液浇根,用不带喷头
的喷壶或拿掉喷片的喷雾器向植株根际喷药液。可以选用 50%辛硫磷乳
油 1 000 倍液,或 80%敌百虫可溶性粉剂 600~800 倍液,或 80%敌敌畏乳
油 1 500 倍液。或者在苗期害虫猖獗时,如果发现断苗且幼虫入土,可用
90%晶体敌百虫 800 倍液、50%二嗪农乳油 500 倍液、2.5%敌杀死

6 000 倍液、速灭杀丁 4 000 倍液或 50%辛硫磷乳油 500 倍液灌根,隔 8~10 天灌 1 次,连灌 2~3 次,可杀死地老虎、蛴螬、金针虫等地下害虫。

（6）喷药防治

地老虎幼虫 3 龄前、蝼蛄、金龟甲盛发期可喷洒药剂进行防治。可以选用 80%敌百虫可溶性粉剂或 50%辛硫磷乳油、50%马拉硫磷乳油 800~1 000 倍液,也可选用 40%乐果乳油 1 500 倍液,或 20%速灭杀丁乳油、20%灭扫利乳油 2 000 倍液加水喷雾。沟施 3%呋喃丹 3.0~3.5 千克/亩或用 50%辛硫磷乳油 1 000 倍液喷浇苗及根际附近的土壤,防治金针虫。

（7）药土毒杀

每亩用 5%特丁磷 2.5~3.0 千克,沟施、穴施均可,药效期为 60~90 天；或每亩用 50%辛硫磷乳油 500 克,拌细沙或细土 25~30 千克,在马铃薯植株根附近开沟撒入药土,随即覆土,或结合锄地中耕将药土施入,可防止多种地下害虫。

（8）滴灌施药防治

利用膜下滴灌技术和设备,结合常规水肥措施,采取滴管施药技术,使药肥水三位一体应用,不仅实现了集约化、高效化和低成本,同时做到了精准施药、人畜安全、保护天敌、农产品安全健康。在滴灌浇水结束前 30 分钟,开始通过滴灌集中施药 20 分钟,再用清水滴灌 10 分钟清洁管道系统。可以用辛硫磷、敌敌畏、噻森铜等水溶性药剂防治地下害虫,也可用内吸性药剂防治蚜虫。土传病害、植株病害也可参照此方法防治。

3.物理防治

金龟子、地老虎的成虫对黑光灯有强烈的趋向性,可于成虫盛发期用黑光灯、黑绿单管双光灯诱杀。

4.生物防治

利用蛴螬乳状杆菌制剂及大黑臀钩土蜂防治蛴螬及金龟子,用颗粒

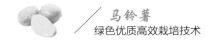

体病毒防治黄地老虎。

▶ 第三节 草害及防除

杂草指生长在马铃薯田中的非马铃薯植物。它们具有适应能力强、传播途径广、种子寿命长、繁殖方式多样、出苗时间不定、结籽多,种子成熟早晚不一等特点。这些杂草长出后,在田间与马铃薯争肥、争光、争水、争空间、争二氧化碳,并成为传播虫害的中间寄主。这种情况的出现使马铃薯产量和品质的降低成为必然,收获时还妨碍收获,给马铃薯生产造成损失。

一 杂草的种类及危害

杂草种类与气候条件、地域位置、季节、农田周边环境有密切关系,南北方、山地与平原田间杂草群落各异,其危害程度也存在差异。马铃薯田间主要杂草有稗草、野燕麦、看麦娘、马唐、狗尾草、黎、卷茎蓼、苍耳、灰菜、苦苣菜、冰草、芦苇、播麦娘、猪毛菜、凹头苋、马齿苋、小蓟、大蓟、扁蓄、田旋花、苣荬菜、千金子、小旋花、蒿类、问荆、荠菜和菟丝子等。

在局部地区严重危害的比较难防除的杂草,东北区域有旱稗、反枝苋、刺儿菜、苣荬菜;西北区域有蓼、龙葵、灰菜、苦苣菜等;黄淮流域与长江中下游有马唐、马齿苋、铁苋菜、刺儿菜、莎草类;西部区域有牛筋草等;南部区域有胜红蓟、毛血马唐等。

马铃薯生长前期,杂草抗逆性强,生长旺盛,处于竞争优势地位,马铃薯秧苗小,处于竞争劣势地位,严重时会造成连片草荒。马铃薯生长中后期,杂草与马铃薯生长竞争,杂草生长消耗掉土壤中的养分和水分,用于马铃薯生长结果的养分和水分相对减少,会导致马铃薯减产。生产中要加强防治草害,以减少损失,促进产量和效益的提高。由于马铃薯田间既有禾本科杂草,又有阔叶杂草,给防治带来一定的难度。

二 马铃薯田草害防除原则

马铃薯田化学除草应针对不同地区不同区域杂草优势种类、区域作物结构,以及当年气象条件,在农业措施基础上,按照土壤封闭、茎叶喷雾、行间除草、封杀结合和区域治理的原则,优化土壤封闭除草技术,推广茎叶除草技术,辅助中后期马铃薯行间定向除草技术,通过除草技术组合,有效控制马铃薯田间杂草危害。

三 防除方法

(一)农业防除

1.轮作

通过轮作降低伴生性杂草的密度,改变田间优势杂草群落,降低田间杂草种群数量。

2.耕翻整地

秋冬季通过多次土壤深耕翻后,将苦荬菜等多年生杂草深埋在地下,使杂草逐渐减少或长势衰退,从而使其生长受到抑制,达到除草目的。种前浅耕灭茬,清除杂草后播种。播种马铃薯前,整地时应将土壤表层土块耙匀,平整土地,马铃薯种植后,有利于土壤封闭除草剂形成土表药膜层,保证除草效果。

3.中耕培土

这项措施不仅除草,还有深松、贮水保墒等作用。如对露地马铃薯中耕一般在苗高10厘米左右进行第一次,第二次在封垄前完成。通过中耕斩断草根,能有效地防除小蓟、牛繁缕、稗草、反枝苋等杂草。

4.合理调控土壤湿度

日常管理时,露地种植的马铃薯保持田间土壤表层干燥、心土湿润,创造不利于杂草发生的条件,以抑制杂草的生长。

5.人工除草

适于小面积或大草拔除。

6.物理方法除草

利用有色地膜如黑色膜、绿色膜等覆盖,具有一定的抑草作用。

(二)化学防除

1.播种前灭草

在草荒地块或马铃薯播种前杂草萌发出土较多的地块,可每亩选用20%百草枯水剂(克无踪)150~200毫升或41%草甘膦异丙铵盐水剂(农达)100~250毫升进行地面喷雾封闭,防除禾本科杂草及阔叶杂草,施用药液量50升/亩。

2.播后苗前土壤封闭除草

草籽生命力特强,在整个生长季节随时都有已度过休眠期的草籽,遇到适合的温度和水分就会出芽长出地面,这给灭草带来困难。这就不仅需要在播种后出苗前喷施杀芽的封闭除草剂,而且出苗后还得使用茎叶处理剂,杀死已长出来的杂草。

马铃薯播后苗前土壤封闭处理一般每亩用96%异丙甲草胺(金都尔)乳油40~80毫升,或50%乙草胺乳油150~200毫升,或48%氟乐灵乳油100~130毫升,或45%二甲戊灵(田普)微胶囊悬剂100~110毫升。种植规模小的农户每亩可用68.6%嗪酮乙草胺乳油150毫升,或67%异松乙草胺乳油220毫升,或70%嗪草酮可湿性粉剂40克+90%乙草胺乳油100毫升。

以上均为防除一年生禾本科杂草及部分小粒种子阔叶草的除草剂。用上述除草剂时,无论在覆盖地膜前喷施垄面,还是覆盖地膜后喷施垄沟,土壤都必须湿润,才有好的效果。同时要特别注意,培土后施用时,薯芽出土前距地面 3 厘米以上方能施用,否则易产生药害。

3.马铃薯苗后茎叶除草

一般在薯苗 10 厘米以下、杂草 2~5 叶时施用除草剂。适合的除草剂有 15%精稳杀得(精吡氟禾草灵),在杂草 3~5 叶时喷施,50~100 毫升/亩;5%精喹禾灵,杂草 2~5 叶时喷施 50~80 毫升/亩;喜来灵(精喹禾灵+助剂),20~25 毫升/亩;25%砜嘧磺隆(宝成)干悬浮剂 5~6 克/亩;富薯(1%砜嘧磺隆+4%精喹禾灵+18%嗪草酮)可分散油悬浮剂,20~23 克/亩。无论是哪种除草剂,不仅能杀死杂草,对农作物生长也有一定抑制作用,所以使用时一定严格用量,准确掌握时间,还要注意下茬的安全。

4.马铃薯田中后期定向除草

如马铃薯生长中后期田间杂草萌发较多,影响马铃薯生长时,可选用 20%百草枯水剂 150~200 毫升/亩进行马铃薯植株行间定向喷雾,施药时喷头应加装保护罩,避免对马铃薯产生喷溅药害。

5.马铃薯田周边杂草防除

马铃薯田周边杂草种类多,发生量大,既有禾本科杂草,又有莎草及阔叶杂草;既有一年生、越年生杂草,又有多年生杂草。这些杂草不仅成为部分害虫的滋生地,同时又为下一年农田杂草发生提供大量种源。可以种植豆科作物等抑制杂草生长,也可以采用人工消除,或每亩选用 20%百草枯水剂(克无踪)150~200 毫升,或 41%草甘膦异丙胺盐水剂(农达)灭生性除草剂 100~200 毫升进行田间喷洒除草。

采用化学方法除草时,选用何种除草剂除草、剂量采用多少,除了要考虑杂草种类,还要充分考虑马铃薯所处的生育阶段、气温、栽培模式、土壤类型、土壤湿度、土壤有机质含量等。通常情况下,有机质含量高(肥沃)的可适当多施,反之,土壤有机质含量低的可适当减少使用量;黏土

地宜多施,反之,沙土地宜少施。施用除草剂时要保持土壤湿润,土表湿润能提高除草剂的除草效果。

注意事项:

①不能与有机磷类(如敌敌畏、氧乐果、辛硫磷等)、氨基甲酸酯类(如灭多威、呋喃丹等)等农药混用;如需喷施其他农药,必须与二甲戊灵、氟乐灵等的使用时间间隔 7 天以上。

②严禁使用弥雾机施药。

③应在无风或微风天气下施药。

④在干旱、水涝或气温异常等不利情况下,部分作物叶片可能会出现干枯、黄化等症状,一般 7~10 天后即可恢复正常生长,不影响产量。

⑤对棉花、蔬菜等作物较为敏感,应避免漂移。

⑥每季作物使用 1 次,有些品种安全性尚不明确,需试验安全后再使用。

⑦后茬严禁种植十字花科蔬菜。

⑧采用化学药剂除草时,尽量避开前茬作物敏感药剂对马铃薯产生药害。参考资料见表 5-1。

表 5-1　前茬药剂对马铃薯敏感品种

药剂	公顷有效用量/克	间隔时间/月
咪唑乙烟酸	75	36
烟嘧磺隆	60	18
唑嘧磺草胺	48～60	12
氟磺胺草醚	375	24
莠去津	2 000	24
二氯喹啉酸	106～177	24
胺磺隆	15	40

第六章 马铃薯的收获与贮藏保鲜

▶ 第一节 马铃薯的收获

一 马铃薯的收获

收获是马铃薯生产中的最后一个环节,也是影响销售、贮藏和经济效益的关键环节。马铃薯需要在适宜的成熟度收获,收获过早或过晚都会对产品品质和耐储性带来不利的影响。另外,在收获时尽可能避免对马铃薯块茎造成损伤。马铃薯收获的原则是根据市场需求,效益最大化,及时而无损伤,达到保质保量、减少损耗、提高其储藏加工性能(图 6-1 至图 6-3)。

图 6-1 安徽濉溪夜间收获马铃薯

图 6-2　根据销售需要对商品薯套网袋

图 6-3　将收获的商品薯装周转箱销售

收获马铃薯之前,首先要确定其成熟程度,食用薯块和加工薯块以达到生理成熟期收获为宜,收获产量最高。马铃薯生理成熟标志是:中下部叶片变黄、转枯,块茎脐部与匍匐茎脱离,块茎表皮韧性大,皮层厚,色泽正常。此外,马铃薯的收获还应依气候、品种、产量、市场价格、用途等多种因素确定。

安徽等中原二季作区马铃薯主要作为菜用,春季马铃薯上市早、效益好,早春大棚马铃薯通过多层覆盖栽培措施来提早上市,目的就是为了抢早上市获得较好的经济效益。因此,只要大棚马铃薯的产量和效益达到预期,就可以尽早收获上市,而不用拘泥于所谓成熟度。

北方一作区马铃薯除了作为菜用,还可能用于种薯繁种或用于加工,其收获时期要充分考虑马铃薯的成熟度。

通常种用薯块应适当早收,一般较商品薯提前5~7天收获,目的为减少种薯后期感病。安徽春季露地地膜覆盖马铃薯宜在6月上中旬前收获结束,避免雨季到来因高温阴雨造成薯块腐烂导致生产损失;秋薯收获可以适当延迟,根据市场行情和植株生长情况适期收获,通常植株被霜冻死后进行收获。无论春薯、秋薯,收获前如遇雨天,都应在土壤适当干燥后收获。刚出土的块茎,外皮较嫩,应在地里晾1~2小时,待薯皮表面稍干后再收集。但夏天不能晒,通常在早晚或夜间收获,收获后应及时包装,转运至阴凉处。储藏时应严格挑选,剔除有病变、损伤、虫咬、雨淋、受冻、天裂、过小、表皮麻斑的块茎。

二 收获方法

马铃薯的收获方法分为人工收获和机械收获两种。

(一)人工收获

人工收获马铃薯是马铃薯的传统收获方法,和机械收获相比,收获的方法较为灵活,适宜于一家一户小规模种植。存在的问题是,收获工具较为原始,收获效率低,在沙土地以外的土壤,人工收获对薯块的损伤较大,收获不彻底。目前,多数小规模种植户采用小型拖拉机翻垄开挖和人工捡拾相结合的方式进行收获。

(二)机械收获

马铃薯机械化收获,极大地提高了马铃薯的收获效率,减少了劳工用工和降低了劳动强度,推动了马铃薯的规模化种植。根据种植规模和薯

块用途(菜用、种用、加工),目前国际市场上已经有了类型较为齐全的马铃薯收获机。如具有挖掘和振动功能的小型分段收获机;一次性完成挖掘、分离土块和茎叶以及装箱或装车作业的马铃薯联合收获机;马铃薯捡拾装载机和具有自动筛选装置的马铃薯收获机等(图6-4)。

图 6-4 机械化收获人工捡拾分级、包装

由于国内马铃薯种植户种植规模较小,目前国内自主研发的马铃薯收获机以中小型为主,大多能完成挖掘和薯土初步分离,但需要人工捡拾和分选,基本能够满足大棚栽培和露地栽培收获的需求。但也普遍存在动力小、结构简单、轻便、功能少,作业稳定性有待提高等情况。我国马铃薯全程机械化配套机械的研发和应用,相对于发达国家起步较晚,但发展和推广很快,目前在规模化种植户中已普遍采用。

(三)收获时的注意事项

1.除秧

安徽等中原二季作区,通常在收获前1~2天,采用人工或机械进行杀秧;北方一作区,通常在收获前7~10天,采用人工、机械或化学药剂等进行杀秧。

2.农机具及储藏保鲜场所准备

收获前检修杀秧、收获农机具备用,准备好入窖(保鲜库)前的临时预储场所。

3.收获过程注意事项

避免因使用工具不当而大量损伤块茎;防止块茎大量遗漏在土中,用机械收获或畜力犁收后应再检查或耙地捡净;先收种薯后收商品薯,不同品种分别收获,防止收获时混杂;收获的薯块要及时运走,不能放在露地,更不能用发病的薯秧遮盖,要防止雨淋和日光暴晒;如果收获时地块较湿,应在装袋和运输储藏前,使薯块表面干燥。

▶ 第二节　马铃薯采后处理

马铃薯的采后处理是为保持和改进马铃薯产品质量,并使其从农产品转化为商品所采取的一系列措施的总称。马铃薯的采后处理包括晾晒、预储及愈伤、挑选、分类、药物处理等环节。

一　晾晒

收获后的种薯或商品薯需要入库储藏时,薯块收获后可在田间就地稍加晾晒,散发部分水分,以便储运。如晾晒时间过长,薯块将失水萎蔫,不利于贮藏。安徽等中原二季作区,春季马铃薯收获后通常作为商品薯直接入市销售,一般不需晾晒这个过程。

二　预储及愈伤

夏季收获用于较长时间储藏或加工的马铃薯时,正值高温季节,收获后经初步分拣后应将薯块立即转运堆放到阴凉通风的室内、窖内或保鲜

库内,预储 10~14 天,使块茎表面水分蒸发,伤口愈合。预储场地应宽敞、通风良好、避光,堆高不宜高于 0.5 米,宽不超过 2 米,并在堆中放置通风管,在薯堆上加覆盖物遮光(图 6-5)。

图 6-5 马铃薯预储

愈伤是指农产品表皮受伤部分在适宜环境条件下,自然形成愈合组织的生物学过程。马铃薯在收获过程中很难避免机械损伤,产生的伤口会招致微生物侵入而引起腐烂。为此,储藏以前对马铃薯进行愈伤处理是降低失水和腐烂的一种最简单有效的方法。

损伤和擦伤的马铃薯表皮能愈合并形成较薄的外皮。在愈伤期间,伤口由于形成新的木栓层而愈合,防止病菌微生物的感染,以及降低损失。在愈伤和储藏前,除去腐烂的马铃薯,可保证储藏后的产品质量。马铃薯采后 18.5 ℃下保持 2~3 天,然后在 7.5~10.0 ℃和 90%~95%的相对湿度下 10~12 天可完成愈伤。愈伤的马铃薯比未愈伤的储藏期可延长 50%,而且腐烂减少。

（三）挑选

预储后要进行挑选,注意轻拿轻放,剔除有病虫害、机械损伤、萎蔫及畸形的薯块。块茎储藏前须做到"六不要",即薯块带病不要、带泥不要、有损伤不要、有裂皮不要、发青不要、受冻不要。

四 分类

在马铃薯储藏之前要对其进行分类,分类对于马铃薯科学储藏意义重大。首先,要按照马铃薯的品种分类,不同品种应该分类储藏。其次,根据马铃薯的休眠期进行分类,马铃薯品种不同,休眠期也不同;同一品种,成熟度不同,休眠期也不同。再次,按照薯块等级进行分类。根据中华人民共和国农业行业标准《马铃薯等级规格》(NY/T 1066—2006),马铃薯分为特级、一级和二级(图 6-6)。马铃薯的等级应符合表 6-1 的规定。

图 6-6　对商品薯进行挑选、分级和包装

表 6-1　马铃薯等级

等级	要　求
特级	大小均匀;外观新鲜;硬实;清洁、无泥土、无杂物;成熟度好;薯形好;基本无表皮破损、无机械损伤;无内部缺陷及外部缺陷造成的损伤。单薯质量不低于150 克
一级	大小较均匀;外观新鲜;硬实;清洁、无泥土、无杂物;成熟度好,薯形较好;轻度表皮破损及机械损伤;内部缺陷及外部缺陷造成的轻度损伤。单薯质量不低于100 克
二级	大小较均匀;外观较新鲜;较清洁、允许有少量泥土和杂物;中度表皮破损;无严重畸形;无内部缺陷及外部缺陷造成的严重损伤。单薯质量不低于 50 克

马铃薯按照等级分类以后,最后要根据规格进行分类。《马铃薯等级规格》(NY/T 1066—2006)中以马铃薯块茎质量为划分规格的指标,分为大(L)、中(M)、小(S)3 个规格。规格的划分应符合表 6-2 的规定。

表 6 - 2　马铃薯规格

规格	单薯质量/克
小(S)	小于 100
中(M)	100～300
大(L)	大于 300

五　药物处理

用化学药剂进行适当处理,可抑制薯块发芽、杀菌防腐,具体做法如下。

(一)α-萘乙酸酯类处理

用 α-萘乙酸甲酯或乙酯处理有明显抑芽效果。每 5 000 千克薯块用药为 100~150 克,加 7.5~15.0 千克细土制成粉剂撒在薯堆中,施药时间大约在休眠的中期,过晚则会降低药效。

(二)青鲜素液喷洒

在薯块膨大期间,用青鲜素(MH)进行田间喷洒,用药浓度为 0.3%~0.5%,过早或过晚会使药效不明显。

(三)氯苯胺灵

在储藏中期用氯苯胺灵(CIPC)粉剂进行处理,1 000 千克薯堆上使用剂量为 1.4~2.8 千克,上面覆盖塑料薄膜,1~2 天后打开。该药物处理后的马铃薯在常温下储藏也不会发芽。

▶ 第三节　马铃薯贮藏保鲜

一　贮藏和特性

　　马铃薯收获后一般有 2~4 个月的休眠期,休眠期的长短因品种不同而异。晚熟品种休眠期短,早熟品种休眠期长。成熟度不同对休眠期的长短也有影响,尚未成熟的马铃薯的休眠期比成熟的长。贮藏温度也影响休眠期长短,特别是贮藏初期的低温对延长休眠期十分有利。

　　马铃薯富含淀粉和糖,在贮藏中淀粉与糖能相互转化。当温度降至 0 ℃时,淀粉水解活性增高,薯块内单糖积累,薯块变甜,食用品质不佳,加工品褐变。如果贮藏温度升高,单糖又会合成淀粉。当温度高于 30 ℃和低于 0 ℃时,薯心容易变黑。

二　贮藏条件

　　鲜食马铃薯的适宜贮藏温度 3~5 ℃,但用作煎薯片或油炸薯条的马铃薯,应贮藏于 10~13 ℃的条件下。贮藏的适宜相对湿度为 85%~90%,湿度过高易增加腐烂,湿度过低失水增加,薯块皱缩。光照能促使马铃薯发芽,增加薯块内茄碱苷含量。正常薯块的茄碱苷含量不超过 0.02%,对人畜无害,但薯块经光照或发芽后,茄碱苷含量急剧增高,对人畜都有毒害作用。因此,马铃薯应避光贮藏。

三　贮藏方法及管理

(一)沟藏

　　适用于北方一作区。7 月中旬收获马铃薯,收获后预贮在荫棚或空屋内,直到 10 月下沟贮藏。沟深 1.0~1.2 米,宽 1.0~1.5 米,沟长不限。薯块

厚度40~50厘米，寒冷地区为70~80厘米，上面覆土保温，要随气温下降分次覆盖。沟内堆薯不能过高。否则沟底及中部温度易偏高，薯块受热会引起腐烂。

（二）窖藏

适用于北方一作区。用井窖或窑窖贮藏马铃薯，每窖可贮3 000~3 500千克，由于只利用窖口通风调节温度，所以保温效果较好。但入窖初期不易降温，因此马铃薯不能装得太满，并注意窖口的启闭。只要管理得当，薯类贮藏效果很好。使用棚窖贮藏时，窖顶覆盖层要增厚，窖身加深，以免冻害。窖内薯堆高度不超过1.5米，否则入窖初期易受热引起萌芽及腐烂。

（三）通风库贮藏

一般堆高不超过2米，堆内设置通风筒。装筐码垛贮放，更加便于管理及提高库容量。不管使用哪一种贮藏方式，薯堆周围都要留有一定空隙以利于通风散热。

（四）冷藏

出休眠期后的马铃薯转入冷库中贮藏可以较好地控制发芽和失水，在冷库中可以进行堆藏，也可以装箱堆码（图6-7）。将温度控制在3~5 ℃，相对湿度在85%~90%。

图6-7　马铃薯冷藏保鲜

第七章 ▶ 马铃薯主食产品加工

▶ 第一节　马铃薯主食产品开发

一　马铃薯主食产品开发的意义

马铃薯营养丰富,含有人体必需的碳水化合物、蛋白质、维生素、膳食纤维等七大营养物质,是全球公认的高营养食物之一。据测定,每 100 克马铃薯粉中蛋白质含量与玉米和大米相当,但其蛋白质的质量比大豆还好,接近于动物蛋白;马铃薯所含丰富的赖氨酸和色氨酸,是一般粮食所不可比的;它所含的蛋白质和维生素 C 高于苹果,钾、锌、铁和磷的含量也比苹果高许多。马铃薯全粉的营养价值主要表现在"两高一低一好",即钾素和膳食纤维含量高,脂肪含量低,淀粉品质好。因此,马铃薯全粉与小麦面粉混合,能增强互补性,具有更高的营养价值。

我国是一个农业自然资源相对短缺的国家,小麦、水稻等口粮品种继续增产的难度较大,饲料玉米和油脂大豆严重依赖进口。在我国,马铃薯一年四季都可种植,与其他作物相比,马铃薯可以在相对较差的生长条件下生产出更多富有营养的食物。我国是世界马铃薯生产第一大国,但目前我国马铃薯的平均单产低于世界平均水平,不到发达

国家的一半。据估算,我国马铃薯新增面积潜力约有 6 500 万亩,其中具备扩大潜力的区域主要有 3 个:华北地下水漏斗区、南方冬闲田利用区、西北马铃薯潜力增长区。因此,我国马铃薯产业还有较大的发展空间。

2016 年中央 1 号文件明确指出,要积极推进马铃薯主食开发。这意味着我国马铃薯主粮化战略是调整农业种植结构、缓解资源环境压力、顺应我国居民不断增长的营养与健康需求的必然选择,是农业生产可持续发展的必然趋势。

二 马铃薯主食产品的主要类型

(一)马铃薯主食产品的分类

见表 7-1。

表 7-1 马铃薯复配主食产品分类表

产品名称	说　明
马铃薯原薯制品	马铃薯雪花全粉、马铃薯生全粉、马铃薯泥、马铃薯块等
马铃薯面制主食产品	马铃薯面条、马铃薯馒头、马铃薯面包、马铃薯包子等
马铃薯米制主食产品	马铃薯米粉(米线)、马铃薯米饭、马铃薯年糕等
马铃薯玉米主食产品	马铃薯玉米窝窝头、马铃薯玉米发糕、马铃薯玉米饼等
马铃薯杂粮主食产品	马铃薯莜面、马铃薯荞麦面、马铃薯荞麦饸饹等
马铃薯豆类主食产品	马铃薯豆类面条、马铃薯豆类年糕等
其他马铃薯复配主食产品	除上述之外的马铃薯复配主食产品

(二)马铃薯主食产品的术语与定义

1.马铃薯主食产品

以马铃薯原薯或马铃薯原薯(或马铃薯原薯制品)与小麦粉、大米、玉米、杂粮、豆类等粮食为主要原料,或同时配以肉、禽、蛋、水产品、蔬菜、果料、糖、油、调味料等单一或多种配料为馅料,加工而成的马铃薯(可食部分)干物质含量不低于 15%(干基计,不包含馅料)的满足人们能量和营养需求的主要食品。

2.马铃薯可食部分干物质

马铃薯经清洗去皮后,在 101~105 ℃条件下,干燥至恒重所剩余的物质。

3.马铃薯原薯

未经加工的马铃薯。

4.马铃薯泥

以马铃薯为主要原料,经清洗、去皮、熟制、制泥等工序加工制成的泥状产品。

5.马铃薯浆

以马铃薯为主要原料,经清洗、去皮、制浆等工序加工制成的浆液状产品。

6.马铃薯原薯制品

以马铃薯原薯为原料加工而成的马铃薯主食产品,亦可作为马铃薯不配主食产品的原料。

7.马铃薯生全粉

以马铃薯原薯为原料加工而成的未熟制的屑状或粉状马铃薯原薯制品。

8.马铃薯复配主食产品

以马铃薯原薯(或马铃薯原属制品)与小麦粉、大米、玉米、杂粮、豆类等单一或多种粮食按一定比例复配的混合物料为主要原料加工而成的马铃薯主食产品。

9.马铃薯面制主食产品

以马铃薯原薯(或马铃薯原薯制品)与小麦粉按一定比例复配的混合

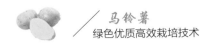
物料为主要原料加工而成的马铃薯主食产品。

10.马铃薯米制主食产品

以马铃薯原薯或马铃薯原薯制品与大米按一定比例复配的混合物料为主要原料加工而成的马铃薯主食产品。

11.马铃薯玉米主食产品

以马铃薯原薯或马铃薯原薯制品与玉米按一定比例复配的混合物料为主要原料加工而成的马铃薯主食产品。

12.马铃薯杂粮主食产品

以马铃薯原薯或马铃薯原薯制品与杂粮按一定比例复配的混合物料为主要原料加工而成的马铃薯主食产品。

13.马铃薯豆类主食产品

以马铃薯原薯或马铃薯原薯制品与豆类按一定比例复配的混合物料为主要原料加工而成的马铃薯主食产品。

▶ 第二节 马铃薯主食产品加工工艺

一 马铃薯馒头加工工艺

马铃薯馒头是指以马铃薯雪花全粉（或马铃薯生全粉或马铃薯泥或马铃薯浆）、小麦粉为主要原料，可添加其他谷物粉、糖、发酵剂、食用碱、维生素 C 溶液等，经配料、混料、和面、发酵、中和、成型、醒发、汽蒸、冷却等工序加工制成的马铃薯干物质（可食部分）含量不低于 10% 的产品（图7-1）。

图 7-1 马铃薯馒头

（一）原辅料

符合国家相关质量和卫生标准的小麦粉、马铃薯雪花全粉、高活性干酵母、食用碱、自来水。

（二）加工工艺要求

1.配料

根据产品配方称量不同重量的原辅料。小麦面粉占比不少于 70%，一般选用中筋小麦面粉，马铃薯全粉占比不大于 30%、酵母 0.6%、水 45%~50%。

2.混料

马铃薯雪花全粉、小麦粉、酵母及其他粉状原辅料应混合均匀。

3.和面

取 70% 左右的复配面粉、大部分水和预先用少量温水调成糊状的酵母，在单轴 S 型或曲拐式和面机中搅拌 5~10 分钟，至面团不粘手、有弹性、表面光滑时投入发酵缸，面团温度要求 30 ℃（图 7-2）。

图7-2　和面机

4.发酵

发酵缸上盖以湿布,在室温26~28 ℃、相对湿度75%左右的发酵室内发酵约3小时,至面团体积增大1倍、内部蜂窝组织均匀、有明显酸味时完毕。

5.中和

即第二次和面。将已发酵的面团投入和面机,然后加入剩余的干面粉和水,搅拌10~15分钟至面团成熟。纯酵母发酵法的和面与发酵,由于面团产酸少,可以不加碱中和。如果加碱,添加量凭经验掌握,加碱合适,面团有碱香、口感好;加碱不足,产品有酸味;加碱过量,产品发黄、表面开裂、碱味重。

6.成型

多采用双辊螺旋成型机完成面团的定量分割和搓圆,然后装入蒸屉(笼)内去醒发。

7.醒发

温度40 ℃,相对湿度80%左右,醒发时间15分钟即可。若采取自然醒发,冬天约30分钟,夏天约20分钟。

8.汽蒸

传统方法是锅蒸,要求"开水上屉(笼)"。炉火旺,蒸30~35分钟即熟。

工厂化生产用锅炉蒸汽,时间 25 分钟。

9.冷却

吹风冷却 5 分钟或自然冷却后包装。

(三)包装、标识

1.包装

包装应整洁、完好,无破损,包装材料和容器应符合相应的食品安全标准的规定。

2.标识

应符合 GB/T 191、GB 7718、GB 28050 的要求。

二 马铃薯面条加工工艺

马铃薯面条是指以马铃薯雪花全粉(或马铃薯生全粉或马铃薯泥或马铃薯浆)、小麦粉为主要原料,可添加其他谷物粉、食用盐、谷脱粉等,经配料、混料、和面、熟化、压片、切条、干燥(或不干燥)、切断、包装等工序加工制成的马铃薯干物质(可食部分)含量不低于 15%的产品。经干燥的产品称为马铃薯挂面,未经干燥的产品称为马铃薯鲜湿面条。

(一)原辅料

符合国家相关质量和卫生标准的小麦粉、马铃薯雪花全粉、谷朊粉、食用盐、生产用水、食品添加剂、其他辅料。

(二)加工工艺要求

1.配料

根据产品配方称量不同重量的原辅料,称量应符合 JJF 1070 的要求。

2.混料

马铃薯雪花全粉或马铃薯生全粉、小麦粉、谷朊粉及其他粉状原辅料应经预混机混合均匀。

3.和面

和面技术参数见表7-2。

表7-2　和面技术参数

和面机种类	转速/(转/分钟)	和面时间/分钟
卧式双轴和面机	100～150	10～15
卧式单轴和面机	150～250	10～15
立式和面机	300～350	4～5
真空和面机	50～100	10～15

4.熟化

熟化技术参数见表7-3。

表7-3　熟化技术参数

熟化类别	温度/℃	相对湿度/%	熟化时间/分钟
面絮	20～30	75～80	15～30
面带	25～30	80～90	30～50

5.压片

面带厚度不宜低于8毫米(两片面带复合压延前相加厚度不宜低于16毫米),末道压延辊线速度不大于0.6米/秒,以保证产品质量;面片要逐道压延,较理想的压延比为50%、40%、30%、25%和10%(图7-3)。

图7-3　面条机在压片和切条

6.切条

切出的面条应平整光滑无并条。

7.干燥(图7-4)

干燥技术参数见表7-4。

图7-4　面条干燥

表7-4　干燥技术参数

干燥阶段	温度/℃	相对湿度/%	分速/(米/秒)	占总干燥时间/%
冷风定条	25～28	85～90	0.8～1.0	15～20
预干燥	30～38	80～85	1.0～1.2	25～30
主干燥	35～45	65～70	1.5～1.8	25～35
完成干燥	20～30	55～65	0.8～1.0	15～20

8.切断

规格整齐(长度误差值±5%),切口平滑。

(三)包装、标识

1.包装

包装应整洁、完好,无破损,包装材料和容器应符合相应的食品安全标准的规定。

2.标识

应符合 GB/T 191、GB 7718、GB 28050 的要求。

三 马铃薯米线加工工艺

马铃薯米线是指以马铃薯雪花全粉（或马铃薯生全粉或马铃薯浆）、早籼米粉为主要原料，可添加其他作物粉等，经配料、混料、和面、米线机加工、切断、包装等工序加工制成的马铃薯干物质（可食部分）含量不低于 15% 的产品。经干燥的产品称为马铃薯米线，未经干燥的产品称为马铃薯湿米线（图 7-5、图 7-6）。

图 7-5 马铃薯米线在生产中

图 7-6 马铃薯米线产品

（一）原辅料

符合国家相关质量和卫生标准的籼米粉、马铃薯雪花全粉（或马铃薯生全粉）、自来水。

（二）加工工艺要求

1.米粉加工

将适量籼米倒入容器中，用凉水浸泡半小时，放掉水，控干，再将米碾成面或用粉碎机将米粉碎成面。

2.配料

根据产品配方称量不同重量的原辅料。籼米粉占比不少于60%，马铃薯全粉占比不大于50%，水分质量分数38%。

3.混料

马铃薯雪花全粉、籼米粉经充分混合后，加入适量水，搅拌均匀。

4.制成米线

将搅拌好的马铃薯粉和米粉的混合物加入到米线机，挤压出米线，用旋转簸箕接米线盘成团，室温下晾干12小时即成干浆米线。米线挤压加工时，螺杆转速100转/分钟，挤压糊化温度105.0℃，挤压成型温度92.5℃，加工出的米线不易断条、面汤澄清不浑浊、口感爽滑有筋道。

干浆米线晒干后即为"干米线"，方便携带和贮藏。食用时，再蒸煮涨发。

参 考 文 献

[1] 张丽娜,陈建宝.马铃薯储藏保鲜技术[M].武汉:武汉理工大学出版社,2019.

[2] 韩雅琪,王玉林.马铃薯病虫草害防治技术[M].武汉:武汉理工大学出版社,2019.

[3] 郝伯为,彭向永.马铃薯生长与环境[M].武汉:武汉理工大学出版社,2019.

[4] 李国清,郭文超.马铃薯病虫害绿色防控彩色图谱[M].北京:中国农业出版社,2020.

[5] 意贤,杨国恒,王效瑜,等.马铃薯栽培新技术[M].北京:中国农业科学技术出版社,2015.

[6] 贺丽萍,于娟红.马铃薯病虫害防控技术[M].武汉:武汉大学出版社,2020.

[7] 张和义,王广义,李岩,等.马铃薯优质高产栽培[M].北京:中国科学技术出版社,2018.

[8] 车树里,赵芳,武睿,等.马铃薯保质储运与机械作业技术[M].武汉:武汉大学出版社,2015.

[9] 唐子勇,郭艳梅.马铃薯高产栽培技术[M].北京:中国农业科学技术出版社,2014.